Flexible Lagersysteme

Wertschöpfungsmanagement

Herausgegeben von Hans-Dietrich Haasis

Band 6

PETER LANG

Frankfurt am Main · Berlin · Bern · Bruxelles · New York · Oxford · Wien

Hans-Dietrich Haasis/Marco Plöger (Hrsg.)

Flexible Lagersysteme

Von der Bestandshaltung zur produktionssynchronen Versorgung

PETER LANG
Internationaler Verlag der Wissenschaften

Bibliografische Information der Deutschen Nationalbibliothek
Die Deutsche Nationalbibliothek verzeichnet diese Publikation in der Deutschen Nationalbibliografie; detaillierte bibliografische Daten sind im Internet über <http://www.d-nb.de> abrufbar.

Gedruckt auf alterungsbeständigem,
säurefreiem Papier.

ISSN 1863-169X
ISBN 978-3-631-59367-7

www.peterlang.de

Vorwort

Im Zusammenhang mit schwankenden Wirtschaftszyklen stehen industrielle Betriebe immer wieder vor der Herausforderung, Kosteneinsparungsmöglichkeiten zu identifizieren und auszuschöpfen. Dabei liegt ein wesentliches Potenzial in der Rationalisierung von Beständen als gebundenes Kapital und zugleich Kostenverursacher in der Lagerhaltung. In einem intensiven Wettbewerbsumfeld ist es allerdings nicht hinreichend, Bestände einfach zu reduzieren, da Kunden eine zuverlässige Belieferung mit kurzen Auftragsdurchlaufzeiten erwarten. Daher würden Bestandsanpassungen ohne Prozessänderungen zwangsläufig zu einer Verringerung des Kundenservicegrads führen und die Wettbewerbsfähigkeit der gesamten Wertschöpfungskette herabsetzen. Daher ist der Einsatz flexibler Lagersysteme ein Weg, Bestände abzubauen und zugleich den Lieferservice auf einem stabilen Niveau zu halten oder zu erhöhen. Letzteres ist besonders für die Gestaltung von produktionssynchronen Fertigungsverbünden mit Just-in-Time oder Just-in-Sequence Versorgung von strategischer Bedeutung, da diese auf robuste Logistikprozesse mit Null-Fehler Qualität angewiesen sind, um kostspielige Produktionsstillstände zu vermeiden. Daher bedarf es auf Seiten der Zulieferer, die die produktionssynchrone Versorgung sicherstellen, anpassungsfähiger und skalierbarer Systeme, die auch bei Bedarfsschwankungen eine bedarfsgerechte Belieferung Just-in-Time oder Just-in-Sequence sicherstellen.

Bisher wenig beachtet wurde dabei die Rolle von Lagern zur Sicherstellung eines nachhaltigen Wirtschaftens: sowohl die in Beständen gebunden Ressourcen als auch die durch Liefertransporte verursachten Emissionen haben Auswirkungen auf die Umweltverträglichkeit der Produktion und Logistik von Industriebetrieben. Daher ist auch die Gestaltung von Lagern hinsichtlich der Einhaltung legislativer Vorgaben wie auch der Verbesserung der Effizienz des Ressourceneinsatzes bei den Prozessen des Lagerns und Handhabens von Stückgütern zu optimieren. Diesem Anliegen hat sich das im Rahmen des Programms „Forschung für Nachhaltigkeit (FONA)“ vom Bundesministeriums für Bildung und Forschung geförderte Projekt „Sustainable Net-by-Cube Logistics (SUCULOG)“ angenommen, bei dem die Entwicklung eines flexiblen Lagersystems für einen Automobilzulieferer im Mittelpunkt stand. Ausgewählte Ergebnisse dieses Projekts werden in diesem Sammelband vorgestellt und erörtert.

Für das Gelingen dieses Projekts danken die Herausgeber den Projektpartnern, namentlich Herrn Lausmann und der Johnson Controls Headliner GmbH Bremen, Herrn Trauten und der CTS Logistiksysteme GmbH Wörrstadt, Prof. Dr. Siestrup und der HFU Hochschule Furtwangen, Herrn Hahner und Herrn Dr. Scheide von der Green IT GmbH Konstanz, Herrn Moehlmann und der GVZ Entwicklungsgesellschaft Bremen mbH, Herrn Dr. Wildebrand und Frau Kerstin Lange vom Institut für Seeverkehrswirtschaft und Logistik (ISL), Bremen, sowie Herrn Siegel und dem DIN Deutschen Institut für Normung e. V. Berlin.

Der besondere Dank der Herausgeber im Namen aller Projektpartner gilt Herrn Dr. Sliwka und Herrn Schäfer vom Projektträger im Deutschen Zentrum für Luft- und Raumfahrt e. V., Bonn, für die konstruktive Unterstützung und vertrauensvolle Zusammenarbeit.

Bremen im März 2009 Die Herausgeber

Das diesem Buch zugrundliegende Projekt wurde mit Mitteln des Bundesministeriums für Bildung und Forschung unter den Förderkennzeichen 01 RI 05106 und 01 RI 05108 gefördert. Die Verantwortung für den Inhalt dieser Veröffentlichung liegt bei den Autoren.

Inhaltsverzeichnis

Abbildungsverzeichnis

1 Logistik im Spannungsverhältnis zwischen Bestands- und Prozessmanagement

Hans-Dietrich Haasis[1]

1.1 Bestände und der Wandel ihrer Bedeutung

Die Bedeutung von Lagern und Beständen unterlagen in dem betriebswirtschaftlichen Verständnis einem mehrfachen Wandel. So fanden Bestandshaltungsprobleme historisch eher nachrangige Beachtung bei der Gestaltung industrieller Systeme und erst in den 1950er und 1960er Jahren wurden Bestände als kontroll- und optimierungsbedürftige Vermögenswerte von Unternehmen in Betracht gezogen; durch Zunahme des Interesses an quantitativen Methoden des Operations Research haben sich besonders mathematische Optimierungsansätze verbreitet. Dieses Verständnis eines bestandsarmen Lagers bezieht sich hierbei auch eher auf Lagerung in räumlich abgegrenzten Flächen – ein Relikt eines rein funktional gegliederten Unternehmensverständnisses.[2] Entsprechend fällt auch die sachliche Abgrenzung üblicher Lagerdefinition aus: „Das Lager ist ein Raum bzw. eine Fläche zum Aufbewahren von Stück- und/oder Schüttgut in Form von Rohstoffen, Zwischenprodukten oder Fertigwaren, das mengen- und/oder wertmäßig erfasst wird.“[3] In die Lagerfunktion wird neben den Einrichtungen zur Aufnahme von Materialien häufig auch das Verwaltungssystem für die gelagerten Objekte während des geplanten Liegens einbezogen.[4]

Mit den Ansätzen des Lean Managements wechselte die Perspektive weg vom Blick auf funktionale Einheiten und hin zu den sie überlagernden Prozessen. Damit einhergehend werden Bestände eher als Ausprägung eines ungenügenden Prozessmanagements angesehen. Durch eine bestandslose Produktion sollen unabgestimmte und störanfällige Prozesse aufgedeckt werden, um damit Effizienzvorteile zu erzielen und mit kürzeren Durchlauf- und Lieferzeiten einen zusätzlichen Kundennutzen zu generieren. Das Lager bzw. die darin gespeicherten Bestandspuffer verstellen in dieser Sichtweise nur den Blick auf Probleme bei Wertschöpfungsprozessen.[5] Zudem rücken auch die im Produktionsprozess befindlichen Zwischenbestände an Halbfabrikaten stärker ins Blickfeld der Logistikoptimierung. In einem Prozessparadigma löst das Ziel eines kontinuierlichen Fließens und die Erreichung einer hohen Prozessgüte das Ziel der Optimierung von Bestandslagervolumina ab. Die zentrale Kenngröße ist der Flussgrad, die die Relation von

---

[1] Univ.-Prof. Dr. Hans-Dietrich Haasis, Institut für Seeverkehrswirtschaft und Logistik (ISL) sowie Lehrstuhl für ABWL, Produktionswirtschaft und Industriebetriebslehre, Universität Bremen.

[2] Vgl. Klaus (1996), S. 1015.

[3] Vgl. ten Hompel/Schmidt/Nagel (2007), S. 49.

[4] Vgl. Stölzle/Heusler/Karrer (2004), S. 13.

[5] Vgl. Klaus (1996), S. 1014.

wertschöpfender Bearbeitungszeit zu Durchlaufzeit abbildet. Nach empirischen Studien liegt der Anteil der kumulativen Wertschöpfungszeiten an den Gesamtdurchlaufzeiten regelmäßig zwischen 0,04% und 5%, was darauf hinweist, dass ein stetiger Fluss nur selten erreicht wird und daher zwischen Wertschöpfungsstufen eine Vielzahl an Zwischenbeständen vorgehalten werden.[6]
Aus logistischer Sicht können funktionale Lagerbereiche durch eine effiziente Lagerorganisation einen großen Beitrag zur Erhöhung des Flussgrades leisten, indem personeller, zeitlicher und materieller Aufwand für Tätigkeiten wie z. B. Artikelsuche oder Schwund und Verderb sowie Wartezeiten auf Transportmittel reduziert werden.[7]

Daher sollen in den nachfolgenden Kapiteln die klassischen Lagerkategorien dargestellt werden und anschließend der Einfluss von Prozessen auf die Bestandshaltung aufgezeigt werden.

1.2 Die Funktion von Lagern in der Logistik

Folgende räumliche Unterteilung ist charakteristisch für Lager:[8]

- Lagerung
- Bedienung
- Kommissionierung und Portionierung
- Wareneingang und Warenausgang

Die dort stattfindenden Prozesse lassen sich typischerweise den Aktivitäten Warenvereinnahmung, Wareneingang, Bereitstellung, Beständeverwaltung, Qualitätskontrolle (einschließlich Prüfung von Fehl- oder Minderlieferungen sowie Transportschäden), Bestandskontrolle und -inventur zuordnen.[9] Vorbereitende Tätigkeiten sind dabei noch das Entladen von Transportmitteln und die Bereitstellung in der Wareneingangszone, Wareneingangskontrolle, das Auflösen oder Verpacken bzw. Sichern von Ladeeinheiten.[10] Die Ladeeinheitsbildung sollte dabei weitgehend so erfolgen, dass die Ladeeinheit zugleich der Produktionseinheit, Lagereinheit, Transporteinheit und Verkaufseinheit entspricht, um Umschlags- und Kommissionieraufwand zu minimieren. Dabei spielt auch die Wahl von Ladehilfsmitteln und Ladeeinheitensicherungsmitteln eine große Rolle.[11]

---

[6] Vgl. Olhager (2002), S. 684; Wildemann (2000a), S. 400.
[7] Vgl. Jünemann/Schmidt (1999), S. 70.
[8] Vgl. Koether (2001), S. 59.
[9] Vgl. Gunasekaran/Marri/Menci (1999), S. 329; Klaus (1996), S. 1015; Schulte (1996), S. 226.
[10] Vgl. Bode/Preuß (2004), S. 48.
[11] Vgl. Jünemann/Schmidt (1999), S. 10.

Bei der Leistung von Zusatzdienstleistungen können noch Abpacken oder Abfüllen hinzukommen (Transformation von Schüttgut, Flüssigkeiten und Gasen durch Einsatz von Ladungsträgern wie Flaschen sowie das Bilden unterschiedlicher Gebinde); Montieren, Imprägnieren, Pflegen, Zuschneiden und Ablängen (z. B. bei Kabelage), Konfektionieren (Versehen mit Etiketten, Preisauszeichnungen, Reinigen und Pflegen von Waren nach Transporten sowie versehen mit automatischen Identifikationssystemen) sowie die Leergutbehandlung.[12]

An überwiegend administrativen Aufgaben kommt hinzu, dass Lagerbestandsrechnungen, Verbrauchsrechnungen und Inventuren durchzuführen sind sowie Kennzahlenermittlung, Identifikation von Lagerhütern, Maßnahmen zur Normung und Standardisierung, Erfüllung von Berichtspflichten gegenüber externen Interessensgruppen (z. B. Wartungspersonal, Auditoren und Behörden) und Überprüfung von Frachtpapieren und Qualitätsprüfungsberichten.[13]

Diese Abläufe dienen der Funktion der Bevorratung, Pufferung, Verteilung und Sammlung von Beständen, wobei die Überbrückung einer Zeitdauer wie auch die Veränderung der Zusammensetzungsstruktur die Ziele dieser Funktionen sind.[14] Bestände sind die jeweiligen Mengen an Gütern und Materialien, die sich im Lager befinden.[15] Lager sind dabei so zu planen, dass sie die geringst möglichen Bestände unter den Voraussetzungen von hoher Terminzuverlässigkeit, hoher Flexibilität, kurzen Durchlaufzeiten und hoher Auslastung führen, um die Bestandskosten zu minimieren.[16]

Weiter dienen Lager auch als Pulkkonsolidierungs- bzw. Kommissionierzentren, in denen verschiedenartige Güter für einen Kunden zusammengepackt oder gleichartige Güter in kleinere Behältnisse umgepackt (portioniert) werden.[17] Ferner als Umschlagplatz (einschließlich Cross Docking), Bereich zur Vorbereitung von Montagearbeiten und Ausführung von Signierprozessen, Auslieferungs- und Recyclingannahmestation sowie als Ort für weitere Wertschöpfungsaktivitäten wie Reparaturen.[18] Eine spezielle Kategorie sind Verkettungspuffer, deren Umschlagszahl sehr hoch ist, da sie zum Ausgleich von Bedarfsschwankungen ausgelegt sind und im Wesentlichen der Überbrückung der Zeitdauer dienen.[19] Demgegenüber steht die Kategorie der Dispositionspuffer mit Sortierfunktion zur Veränderung der Reihenfolge zu- und abfließender Lagerobjekte sowie zur Zusammenfassung und Zerlegung von Losen. Bei einer Sicherungsfunktion gegen Störungen

[12] Vgl. Bode/Preuß (2004), S. 48; Schulte (1996), S. 224.
[13] Vgl. Schulte (1996), S. 226.
[14] Vgl. Jünemann/Schmidt (1999), S. 42; Pfohl (2004), S. 8..
[15] Vgl. Klaus (1996), S. 1015.
[16] Vgl. Martin (1999), S. 6.
[17] Vgl. Koether (2001), S. 59; Martin (1999), S. 10.
[18] Vgl. Baker/Halim (2007), S. 130.
[19] Vgl. Koether (2001), S. 59.

sind Lager als Störungspuffer gekennzeichnet.[20] Hier liegt dann ein kurzfristiger Ausgleich zwischen Liefer- und Verbrauchsgeschwindigkeit vor (im Gegensatz zu dem langfristigeren Ausgleich von Lieferungen mehrerer Aufträge und deren Nachfrage).[21]

Lager lassen sich weiter nach Lagergut (z. B. Stück- oder Schüttgutlager sowie nach Kriterien Größe, Temperatur, Form und Länge), Stellung im Produktionsprozess (z. B. Fertigwarenlager), Gefahrenklasse (z. B. Gefahrgutlager), Art des Betriebes (z. B. Handelslager), der Distributionsstruktur (z. B. Zentrallager), Art der lagerbezogenen Tätigkeiten (z. B. Kommissionierlager) sowie Lagerbauweise (z. B. Hochregallager) oder Systematik der Lagermittel (z. B. statisch oder dynamisch) kategorisieren.[22]

Ebenso können Lager in Kategorien nach ihren Eigentümern unterteilt werden: neben dem Regelfall der Eigenlager finden auch Fremdlager in Form von Konsignationslagern Verwendung, bei denen der Lieferant (Konsignant) einen Lagerbestand auf eigene Rechnung schafft, deren rechtlicher Eigentumsübergang an den Kunden (Konsignatar) erst in dem Augenblick der Entnahme erfolgt.[23] Dadurch werden Lagerhaltungsrisiken, Bedarfsrisiken sowie Lagerhaltungskosten vom Abnehmer auf den Zulieferer übertragen.

Neben der Unterscheidung von Prozesssichtweisen und Eigentumsabgrenzungen können Lager auch nach Lagerungsarten unterschieden werden, wobei es Regal- und Bodenlagerung mit den Variationen als Block- oder Zeilenlager gibt.[24]
Bei Bodenlagerung wird mit oder ohne Lagerhilfsmittel (so beispielsweise mit Behälterpaletten) am Boden gelagert. Sofern die Güter nicht stapelbar sind, führt dies zu einem schlechten Raumnutzungsgrad. Im Falle von Schüttgut können hingegen hohe Raumnutzungsgrade durch Sammeln als Pulk (z. B. bei Sand oder Kohlen) erzielt werden (Blocklagerung). Bei Zeilenlagerung ist dies nur begrenzt möglich, zumal die Stapelhöhe zur Gewährleistung der Kippsicherheit auf acht bis neun Meter begrenzt bleiben sollte.[25] Zusammengefasst haben Bodenlager gegenüber der Regalfachlagern die Vorteile nur geringer Investitionskosten und geringer Störanfälligkeit sowie geringen Personalbedarf und relativ hohe Flexibilität. Allerdings ist die Höhennutzung beschränkt und da nur der jeweils oberste Artikel im Zugriff ist, besteht kein freier Zugriff. Die Automatisierungsmöglichkeiten sind geringer und die Umsetzung eines FIFO-Prinzips nicht oder nur mit Umlagerung möglich. Bei Lagerung auf Gestellen (Fachregallagerung) ist eine Lagerung im freien Zugriff in vertikaler Anordnung besser zu realisieren. Hieraus ergibt

[20] Vgl. Pfohl (2004), S. 205.
[21] Vgl. Koether (2001), S. 59.
[22] Vgl. Jünemann/Schmidt (1999), S. 43.
[23] Vgl. Schulte (1996), S. 237.
[24] Vgl. Martin (1999), S. 10.
[25] Vgl. Schulte (1996), S. 237 f.

sich eine bessere Übersichtlichkeit bei wahlfreiem Zugriff und zugleich leichterer Automatisierbarkeit. Hierdurch kann eine hohe Flexibilität bei Lagerprozessen und damit hohe Umschlagszahlen sowie eine genaue Bestandskontrolle realisiert werden. Nachteilig sind allerdings der hohe Personalaufwand bei manuellem Betrieb des Lagers und eine ungünstige Greifposition für das Lagerpersonal und der vergleichsweise niedrigere Flächennutzungsgrad gegenüber einer Blocklagerung (bei Zeilenlagern ist Platz für die Bediengassen mit einzurechnen). Eine Sonderform sind die Palettenregallager, bei der ganze Paletten auf Auflagevorrichtungen (Winkeln, Kragarmen oder Fachböden) gelagert werden können. Die Vorteile eines Zeilen- und Blocklagers werden in einem Verschiebelager kombiniert, in dem das Lagergut in Regalzeilen lagert, die gegeneinander verschoben werden können. Im gesamten Lagerraum verbleibt dann nur eine Gasse. Der moderaten Ein- und Auslagerungsleistung (Kommissionierung ist aufgrund des notwendigen Verschiebens vor dem Direktzugriff nur schlecht realisierbar), dem Investitionsbedarf sowie mittlerem Mechanisierungsgrad (mit einhergehendem Wartungs- und Investitionsbedarf) als Nachteilen steht ein hoher Raumnutzungsgrad und die Möglichkeit der Lagergutsicherung durch Zusammenschieben und Sperren der Schiebemechanismen gegenüber.[26]

Den Charakter eines Unstetigförderers hat ein Verschiebeumlaufregallager (Paternoster), das ebenfalls einen hohen Raumnutzungsgrad bei Gewährleistung eines Direktzugriffs ermöglicht und zudem aus ergonomischer Sicht eine optimierte Entnahmemöglichkeit vorsieht. Allerdings ist die Umschlagsleistung schwankend und die Kommissionierleistung ist systemtechnisch begrenzt (Rotationszeit vor dem Direktzugriff und Verfügbarkeit nur für einen Kommissionierer zur selben Zeit). Zudem bedingt die Mechanisierung hohe Investitionen und eine relativ hohe Störanfälligkeit sowie schlechte Notbetriebeigenschaften.[27]

Als eigenständige Lagerkategorie können Durchlaufregallager gelten, bei denen Lagergüter auf Schienen, Rollen oder Fachböden von einer Einlagerungs- zu einer Entnahmestelle gleiten, wobei regelmäßig die Schwerkraft durch ein Gefälle die Triebkräfte liefert. Sie eignen sich insbesondere für Lagergüter mit hohem Gewicht und vergleichsweise kleiner Sortimentsgröße. Vordergründiger Vorteil ist die Lagerung von nicht stapelbaren Gütern[28] nach dem FIFO-Prinzip bei hohem Raumnutzungsgrad (keine Gassenbildung) sowie ferner eine hohe Entnahmeleistung und transparente Bestandsüberwachung bei guter Automatisierungsmöglichkeit und hoher Anpassungsfähigkeit an ein geändertes Sortiment. Von Nachteil ist allerdings die mangelnde Zugriffsfreiheit. Da pro Kanal nur eine Teileart sinnvoll ist, ist diese Lagerart nur für ein kleines Artikelspektrum anwendbar. Hinzu treten

---

[26] Vgl. ten Hompel/Schmidt/Nagel (2007), S. 117; Schulte (1996), S. 244 ff.

[27] Vgl. Schulte (1996), S. 250.

[28] Moderne Bremslagerlösungen ermöglichen es mittlerweile auch, druckempfindliche Güter zu lagern.

eine etwas höhere Störungsanfälligkeit (blockierte Gleitsysteme oder Verkantung von Behältern) sowie der Anpassungsaufwand, wenn Ladegut nicht auf Paletten oder kompatiblen Ladungsträgern mit Ladungssicherung[29] vereinnahmt wurden. Eine chaotische Lagerung ist weitgehend ausgeschlossen.[30]

Hier wurden sehr ausdifferenzierte Konzepte der Lagerhaltung aufgezeigt. Demgegenüber wurde in der Vergangenheit der Materialwirtschaft gegenüber anderen funktionalen Bereichen – insbesondere der Produktion – nur wenig Beachtung geschenkt. Daher soll im nachfolgenden Kapitel die Bedeutung des Lagerwesens für die Unternehmensführung und Effizienz von Unternehmensprozessen dargestellt werden.

1.2 Lagerautomatisierung

Lagerhäuser sind eine wichtige Komponente in Supply Chains. Sie verursachen ca. 20% der gesamten Logistikkosten. Zudem sind sie wichtig als Distributionszentren, um einen hohen Kunden-Servicegrad aufrecht zu erhalten. Während Kleinlager mit geringem Bestandsvolumen und geringer Umschlagsleistung regelmäßig personalintensiv ausgelegt sind, werden zur Erzielung von Größendegressionseffekten großvolumige Lager mit großem Umschlag automatisiert. Dies trifft besonders bei großen Lagereinrichtungen im Zusammenhang mit Förderern und Sortern, Hochregallagern, fahrerlose Transportfahrzeuge und Roboter sowie Regalbedienungsgeräten zu. Fördertechnikautomatisierung kann definiert werden als direkte Kontrolle von Handhabungsausrüstung zum Transport und Verstauen von Gütern, ohne dass es einer Leitstandaufsicht oder eines Fahrers bedarf.[31]

Dass bei Lagern nicht nur Kosteneinsparungseffekte in ihrem Bereich erzielt werden können, sondern diese zugleich kosten- und servicebezogene Ausstrahlungseffekte erzeugen, macht das Postulat des amerikanischen Supply Chain Council deutlich, welches durch Einführung eines prozessübergreifenden Supply Chain Managements folgende Vorteile sieht: Bestandsverringerung durch reduzierte Sicherheitsbestände, virtuelle Bestände und Bestandsaufteilung von bis zu 60%; Senkung der Durchlaufzeiten durch Prozesskettenkoordination von etwa 50%; Gewinnsteigerung durch kooperative Wertschöpfungsoptimierung um bis zu 30% und Steigerung von Marktanteilen und Umsatz durch reaktionsfähigere Systeme und Stärkung der Kundenbindung um bis zu 55%.[32] Den Beitrag, den ein effizientes Lagermanagement zur Erlangung dieser Ziele leisten kann, liegt beispielsweise in der Reduzierung von Durchlaufzeiten und der Kapitalbindung in der logistischen Kette durch Eliminierung von redundanten Handlingaktivitäten im Lagerbe-

---

[29] Ladungsträger sind nach DIN 30781 tragende Mittel zur Zusammenfassung von Gütern zu Ladeeinheiten (so z. B Paletten); vgl. auch Gudehus (2005), S. 433; Schulte (1996), S. 257.

[30] Vgl. Schulte (1996), S. 244 f.

[31] Vgl. Baker/Halim (2007), S. 129.

[32] Vgl. Stölzle/Heusler/Karrer (2004), S. 129.

reich.[33] In diesem Zusammenhang werden Automatisierungsinvestitionen vor allem vor dem Hintergrund von möglichen Produktivitätssteigerungen, verringerten Lohnkosten, verringerten Platzbedarfen, erhöhten Volumen- und Bearbeitungskapazitäten, verringerten Durchlaufzeiten, einer genaueren Ausführung von Bestellungen und präziseren Bestandsüberwachung sowie einem höheren Kundenservicegrad vorgenommen. Letzteres ist in einem dynamischen Umfeld von Supply Chains besonders wichtig, da der Eingang von Kundenbedarfen großen Schwankungen unterliegen kann und eine flexible Reaktionsmöglichkeit auf diese eine große Bedeutung für die Wettbewerbsfähigkeit hat. Baker und Halim (2007) sehen weiter ein besonderes Potenzial der Automatisierung darin, die Flexibilität von Lagerabläufen bei Auftragsspitzen gleichermaßen zu erhöhen, wie auch die Kosteneffizienz von Handlingprozessen bei großen Mengen. Allerdings besteht auch die Gefahr, dass Effizienzgewinne ausbleiben, wenn automatisierte Systeme nicht den wandelnden Umständen angepasst werden können.[34]
Automatisierungsvorhaben im Bereich Fördertechnik erfordern häufig aufgrund ihrer Komplexität Computersimulationen, um beispielsweise Abläufe zu testen, Engpässe zu identifizieren und Möglichkeiten eines Notlaufbetriebs bei Anlagenausfällen abzuschätzen. In einer empirischen Studie stellen Baker und Halim (2007) fest, dass in mehr als der Hälfte aller untersuchten Fördertechnik-Bauprojekte Simulationen eingesetzt wurden. Die Dauer der Projekte von der Planung bis zur endgültigen Inbetriebnahme variierte von fünf bis 39 Monate (bei einem Durchschnitt von 20 Monaten). Dabei ist zu bemerken, dass möglichen Einsatzrisiken dadurch häufig begegnet wird, dass der Probebetrieb nur einen Teil der Produktkategorien oder nur räumlich begrenzte Teile der Lagereinrichtung umfassen. Empirische Studien zeigten in dem Zusammenhang, dass vor allem Schwierigkeiten mit IT-Systemen und die Installation der Fördertechnik selbst zu den größten Problemen beim Anlagenanlauf führen. Weitere wichtige Problemursachen liegen in Schnittstellengestaltungsproblemen oder die Notwendigkeit, ein neues Warehousemanagementsystem (WMS) einzuführen. Zusammen mit Modifikationen an ERP-Systemen und proprietären Anwendungen, haben diese Anpassungen den größten Einfluss auf Komplexität, Zeit und Kosten des Projekts.[35]

Die gleiche Studie kommt weiter zu dem Schluss, dass Projekte der Lagerautomatisierung regelmäßig nur dann wirtschaftlich ausgelegt sein können, wenn sie zu einer Bestandszentralisierung führen.[36] So konnte in den letzten drei Jahrzehnten ein Trend zur Zentralisation von Lagern festgestellt werden, wobei dieser Trend durch innovative Entwicklungen und neue Einsatzmöglichkeiten der Fördertechnik begünstigt wurde.[37]

---

[33] Vgl. Bode/Preuß (2004), S. 381.
[34] Vgl. Baker/Halim (2007), S. 130 f.
[35] Vgl. Baker/Halim (2007), S. 134 f.
[36] Vgl. Baker/Halim (2007), S. 137.
[37] Vgl. Fischer/Dittrich (2004), S. 149

Dies ist in zweierlei Hinsicht problematisch: einerseits führen zentralisierte Lager zu einer Zunahme von Transporten, was sich vor dem Hintergrund stark ansteigender Treibstoffpreise und der LKW-Maut in der Gesamtschau als negativ erweisen kann, andererseits können sich durch größere Transportentfernungen die Liefertreue und Auftragsdurchlaufzeiten verschlechtern.[38] Hinsichtlich der Distributionsleistungen ist abzusehen, dass die hohen Zustellkosten im e-Commerce auf der letzten Meile (aufgrund der im Vergleich zu Geschäftskunden kleinen Versandgrößen, welche an eine Vielzahl von Privatkunden überstellt werden müssen) in Zukunft höhere Kosten bei Frachtlieferungen hervorrufen. Aufgrund dieser widerstrebenden Tendenzen hinsichtlich Zentralisierungs- bzw. Dezentralisierungsnotwendigkeiten, sind Prognosen hinsichtlich Investitionsvorhaben zur Anschaffung von Lageranlagen mit großer Unsicherheit behaftet. Ein Ausweg ist die Installation von flexibel skalierbaren Lagereinrichtungen, die in kleinem Maßstab wirtschaftlich betrieben werden können und zugleich eine Vernetzung zu größeren Logistiksystemen erlauben.[39]

Die hier vorgestellten unterschiedlichen Konzeptionsansätze für Lager spielen deshalb eine so große Rolle, weil die optimierte Gestaltung eines Lagers nicht nur Einfluss auf die Lagerkosten hat, sondern auch die Auftragsdurchlaufzeitdauer bestimmt.[40] Eine optimierte Lagerkonzeption hat daher nicht nur Auswirkungen auf die interne Effizienz des funktionalen Gliedes Lager, sondern funktionsübergreifende Ausstrahlungseffekte auf übergreifende betriebliche Wertschöpfungsprozesse.

1.3 Prozessmanagement und Flussprinzip

Lagern leistet einen wichtigen Beitrag zur industriellen Wertschöpfung, unter der eigentlich im engeren Sinne die Produktion von Gütern verstanden wird.[41] Dies ist die planmäßige Transformation von Materie durch Zusammenfügen, Gestaltänderung oder Zerlegen.[42] Wertschöpfung besteht aber auch gleichermaßen in dem planmäßigen Transfer von Objekten im Raum, d.h. Distribution zu Orten, wo sie mehr Nutzen stiften oder der Transformation in der Zeit. Für die Logistik von vorrangiger Bedeutung ist die Sicherungs- und die Ausgleichsfunktion, während die Assortierungsfunktion (Mengen- und Zusammensetzungsänderung von Transporten durch Kommissionierung) durch vertragliche (Bezug in großen Mengen zur Rabatterzielung) oder technische Umstände (Fertigung nur in großen geschlossenen Chargen möglich) vorgegeben ist. Lagerung selbst stiftet ferner einen Mehrwert in Form von Überbrückung von Zeitunterschieden zwischen Anfall eines Gutes und seiner weiteren Verwendung sowie zur Erzielung von Spekulati-

---

[38] Vgl. Tempelmeier (2006), S. 157.
[39] Vgl. Haasis/Plöger (2007), S. 370.
[40] Vgl. Bode/Preuß (2004), S. 49.
[41] Vgl. Haasis (2008), S. 6 f.
[42] Vgl. Stölzle/Heusler/Karrer (2004), S. 14.

onsgewinnen (bei Fluktuation der Verfügbarkeit und von Preisen von Gütern) und als Veredelungsprozess (Reifung von Produkten durch Gärung, Alterung oder Trocknung wie z. B. bei Wein). Im letzteren Fall wird ein Lager zu einem Produktionsmittel.[43]

Als letzte Kategorie der direkten Wertschöpfung wird ein Nutzen durch Sortierung und Portionierung – im Sinne einer planmäßigen Veränderung der Ordnung bzw. Anordnung durch Umschlag und Kommissionierung, ebenso wie durch Verpackung von Gütern – geschaffen. Es entsteht ebenfalls durch eine Erhöhung der Konsumierbarkeit und des Gebrauchswertes ein Mehrwert.

Mittelbar schafft ein Lager weiterhin eine Wertschöpfung, wenn zur Reduzierung von Rüstkosten und zur durchgängigen Auslastung teurer Anlagen bzw. zur Ausnutzung von Skaleneffekten (Economies of Scale) eine Fertigung mit großen Losgrößen angestrebt wird. Gehen die gefertigten Produkte nicht in gleicher Losgröße in nachfolgende Fertigungsschritte ein, so hat das Lager eine Entkoppelungsfunktion zwischen nachfolgenden Prozessen.[44] Gleiches gilt, wenn Anlagen einen anderen Kapazitätsquerschnitt haben, als nachgelagerte Produktionsschritte und Lager damit Produktionschargen entbündeln. Durch Optimierung der Produktionsreihenfolge können zudem umfangreiche Rüstvorgänge vermieden werden, wenn gleichartige Produkte nacheinander gefertigt werden und dadurch Einspareffekte bei reihenfolgesensiblen Prozessen oder beim technischen Rüstaufwand erzielt werden können (z. B. durch Vermeidung von Werkzeugwechseln).[45] So ermöglicht die Bündelung von Beschaffungs-, Produktions- und Transportlosgrößen die Realisierung von Größendegressionseffekten (so z. B. durch Umlage von je Geschäftsvorfall fix anfallende Kosten oder Erzielung von Mengenrabatten in der Beschaffung).[46] Zusätzlich harmonisieren sie langfristig schwankende Bedarfe (z. B. für Saisonprodukte).[47] Solche Lager, die Bestände speichern, die nicht das ganze Jahr erhältlich sind, werden Antizipativlager genannt.[48]

Zur Abstimmung von Materialflüssen zwischen Produktionsstufen werden dort Entkoppelungslager eingesetzt, bei denen Anlagen oder Personal unterschiedliche Ausbringungsraten erbringen[49] oder kapitalintensive Produktionsprozesse eine Mehrschicht-Dauerauslastung wirtschaftlich erfordern, während vor- oder nachgelagerte Produktionsstufen personalintensiv sind. Dies ist besonders von Bedeutung, wenn Fertigungsbereiche mit kapitalintensiven Anlagen (die daher durch-

---

[43] Vgl. Houlihan (1985), S. 30; Koether (2001), S. 59; Schulte (1996), S. 224; Hartlieb (1997), S. 37; Klaus (1996), S. 1017 f.
[44] Vgl. Howard (1984), S. 4; Klaus (1996), S. 1018 f.
[45] Vgl. Klaus (1996), S. 1018 f.
[46] Vgl. Stölzle/Heusler/Karrer (2004), S. 15.
[47] Vgl. Stölzle/Heusler/Karrer (2004), S. 16.
[48] Vgl. Schulte (1996), S. 229.
[49] Vgl. Schulte (1996), S. 229.

gängig im Mehrschichtbetrieb fertigen) von personalintensiven Fertigungsbereichen entkoppelt werden sollen, weil letztere zur Vermeidung von Entgeltaufschlägen (Nachtzuschlag, Überstundenzuschlag, Feiertags- und Wochenendzuschläge) nur im Einschichtbetrieb fertigen sollen.[50]

Zudem können Sortierlager die Reihenfolge und Zusammensetzung der zu- und abfließenden Materialflüsse verändern.[51] Neben der Funktion von Sortierpuffern, sammeln Lager also hierbei Objekte für nachgelagerte Aktivitäten in ökonomisch optimalen Mengen an und synchronisieren Produktionsflüsse durch Nivellierung fluktuierender Flüsse von Objekten durch Pufferung von Produktionsspitzen. Lager tragen damit zu einer Flussglättung bei und erfüllen eine Sicherungsfunktion.[52] Dies hat Vorteile, da bei stochastischen Zuflüssen erhebliche Staueffekte auftreten können, die den Durchsatz erheblich senken. Dabei kommt auch eine Sicherungsfunktion zur Verhinderung von Produktionsstillständen zum Tragen.[53] Zudem ergibt sich eine Substitutionsfunktion, wenn an Stelle von Beständen an Fertigmaterialien Bestände an Vorprodukten und unfertigen Erzeugnissen auf niedrigen Wertschöpfungsstufen vorgehalten werden, da hier die Kapitalbindung und Bestandsrisiken (z. B. Abschreibungen wegen Ausfall der Kundenaufträge oder der Nachfrage) minimiert werden können. Eine Fertigwarenlagerung ist nur dort noch erforderlich, wo die geforderten Auftragsdurchlaufzeiten kleiner sind als die Produktionsdurchlaufzeiten (Lieferzeitverkürzungsfunktion des Lagers). Das Anbieten einer besonders kurzen Lieferzeit ist eine geschäftspolitische Maßnahme zur Kundenakquise und -bindung.[54]
Wird das Flussprinzip weitergedacht, so bietet das Lager einen Beitrag zur schnellen Erfüllung von Aufträgen, sofern die gewünschte Auftragsdurchlaufzeit kleiner ist, als die Bearbeitungsdurchlaufzeit in der Fertigung:[55] hier kann auch durch Überkapazitäten in der Produktion oder optimierte Prognosemodelle nicht der Zeitfalle (Verkürzung der Lieferzeiten bei unverändert langen internen Durchlaufzeiten) begegnet werden, so dass es eines Lagers bedarf (Prognosefertigung statt Auftragsfertigung). Der Ausbau von Lagern dient dabei der Vergrößerung der Prognosereichweiten durch Sicherheitspuffer zur Bewältigung länger werdender Prognosestrecken und höheren Prognoserisiken.[56]

Allerdings werden hierbei auch Bestandhaltungskosten und Bestandsrisikokosten fällig: so durch Abschreibungen wegen Obsoleszenz (das Objekt entspricht nicht mehr modischen Anforderungen oder Kundenwünschen) oder Schwund (Verlust durch Beschädigung oder Diebstahl), Steuern (z. B. bei Fälligkeit von Steuern, die

---

[50] Vgl. Klaus (1996), S. 1019; Stölzle/Heusler/Karrer (2004), S. 16.
[51] Vgl. Stölzle/Heusler/Karrer (2004), S. 16.
[52] Vgl. Klaus (1996), S. 1019; Stölzle/Heusler/Karrer (2004), S. 16.
[53] Vgl. Gudehus (1976), S. B225; Klaus (1996), S. 1019.
[54] Vgl. Stölzle/Heusler/Karrer (2004), S. 17 f.
[55] Vgl. Howard (1984), S. 16.
[56] Vgl. Gudehus (1976), S. B 221; Klaus (1996), S. 1019.

auf die Bilanzsumme abstellen, wie eine Gewerbekapitalsteuer), Versicherungen und Lagerhaltung (Betriebskosten eines Lager wie Energie- und Personalkosten). Letztere können unterteilt werden in Lagerhauskosten durch Aufbau und Beanspruchung einer Lagerinfrastruktur, Lagerhilfsmittel, Personal, Arbeitshilfsmittel (z. B. Soft- und Hardwaresteuerung des Lagers), Instandhaltung und Energie.[57]

Eine Form nur indirekt wirkender Kosten sind die Kapitalbindungskosten (Opportunitätskosten der in Beständen gebundenen finanziellen Mittel).[58] Diese entstehen durch das gebundene Kapital, das bei einer hohen Fremdkapitalquote mit zinsträchtigen Krediten finanziert sein muss. Auch bei Finanzierung aus einem Eigenkapitalstock steht es nicht für andere Aktivitäten zur Verfügung, wodurch Opportunitätskosten anfallen. Dem gegenüber stehen allerdings potenziell die Fehlmengenkosten bei nicht korrekt erfolgter Auftragserfüllung. Diese lassen sich in Zusatzkosten (Kosten der Fehlerbehebung im Auftragsbereich, wie Eilaufträge; Folgekosten aufgrund von Anpassungen in anderen Funktionalbereichen, wie Änderungen im Produktionsprogramm; und sonstige Mehrkosten, wie Schadensersatzkosten und Konventionalstrafen), reduzierte Erlöse (Erlösschmälerungen, wie Kulanzkosten und zu gewährende Rabatte; entgangene Erlöse für Nichtabnahme eines speziellen Auftrags) sowie entgangene Deckungsbeiträge (direkter Verlust durch Kundenabwanderung oder indirekte Effekte durch negative Ausstrahlungseffekte auf andere Kunden) unterscheiden.[59]

Zusammengefasst entstehen Lagerbestände immer dann, wenn im Fertigungsprozess die Losgrößen zu anderen Fertigungsstufen schwanken.[60] Durch Fertigungssynchronisation mit kleinen Losgrößen lassen sich somit Bestandssockel senken. Funktionale Äquivalente von Lagern sind somit Materialflüsse, die zwischen abgegrenzten Wertschöpfungsbereichen mittels Transport- und Fördermittel fließen.[61] Zur zeitüberwindenen Funktion des Lagers tritt eine raumüberwindende (Transport-) Funktion hinzu, wenn Fördermittel zur begrenzten Zwischenlagerung benutzt werden. Sofern zeitnahe Informationen zur Verfügung stehen, können Bestände auch durch Informationen substituiert werden – Informationen reduzieren Unsicherheiten zu deren Bewältigung Bestände als Puffer vorgehalten werden.[62]

Die Einführung produktionssynchroner Versorgungssysteme verlagert die Aufmerksamkeit von dem Bestandsmanagement zum Qualitätsmanagement und zur Fertigungseffizienz.[63] Bestände verdecken Probleme, indem sie die Versorgungssicherheit erhöhen sollen und damit Spielräume schaffen, dass Prozesse unbe-

---

[57] Vgl. Stölzle/Heusler/Karrer (2004), S. 22.
[58] Vgl. Needham/Evers (1998), S. 149; Fung et al. (2005), S. 597; Howard (1984), S. 6.
[59] Vgl. Stölzle/Heusler/Karrer (2004), S. 23 f.
[60] Vgl. Koether (2001), S. 59.
[61] Vgl. Howard (1984), S. 4; Klaus (1996), S. 1015.
[62] Vgl. Klaus (1996), S. 1016.
[63] Vgl. Nicolaou (2002), S. 39.

merkt störungsanfällig und unzuverlässig ablaufen. So maskieren sie Nachfrageschwankungen, Prognosefehler, unzuverlässige Lieferanten, interne Qualitätsprobleme, Produktions- und Lieferengpässe. Daher ist ein ganzheitliches Prozessmanagement zu entwickeln.[64]

Hier haben die Lean Production-Ansätze dazu beigetragen, die Vorteile des Flussprinzips der Produktion in Logistikprozesse zu integrieren. So steht bisher die Auffassungen von Beständen als Sicherheitsreserven zum Schutz vor Störungen[65] und als kostenträchtige Verschleierungsmaßnahme ineffizienter Koordination gegenüber. Organisatorische Ansätze einer Lean Production können zudem auch Umweltimplikationenen haben; so können Lagermengenreduktionen verhindern, dass Güter aufgrund von Nachfrageänderungen oder Verderb zu Abfallstoffen werden.[66] Dabei soll aber nochmals darauf verwiesen werden, dass Lagerung selbst auch eine Form der Wertschöpfung sein kann, wie hinsichtlich seiner Spekulations- und Veredelungsfunktion aufgezeigt wurde.

Daher sind Bestandssenkungen in den vergangenen Jahren ein wichtiges Unternehmensziel geworden: so ist in deutschen Unternehmen von den Jahren 2000 bis 2005 der prozentuale Anteil der Bestände an der Bilanzsumme von 21,9 % auf 19,25 % gesunken.[67] Auch wenn dies nur 2,65 Prozentpunkte ausmacht, bedeutet dies doch, dass innerhalb eines halben Jahrzehnts die Bestände deutscher Unternehmen um knapp ein Achtel gesunken sind.

Lean Management Ansätze – insbesondere Konzepte der produktionssynchronen Versorgung – ermöglichen weitere Senkungen der Bestandshöhe, wenn auch eine vollständige Beseitigung unter wirtschaftlichen Gesichtspunkten ausgeschlossen ist.[68] Ein weiterhin anhaltender Trend zur Ausweitung der Produktvarianten führt zum Anwachsen des Artikelspektrums und somit der Lagerbestände. Um zu wettbewerbsfähigen Preisen kundenindividuelle Produkte anbieten zu können (Mass-Customization), bedarf es der Ausnutzung von Just-in-Time-Konzepten. Zur Realisierung verringerter Lager- und Bestandskosten müssen dann größere Risiken in Zusammenhang mit Prozessstörungen und daraus folgenden Produktionsstillständen in Kauf genommen werden. Da die Bestellmuster in Mass Customization-Konstellationen aufgrund der extrem großen Variantenzahl bei kundenindividueller Fertigung stark schwanken und die Lagerreichweite für die Modulkomponenten bei Just-in-Time sehr klein ausfallen (und im Fall von Just-in-Sequence annähernd null sind), kommt die Fertigung bei Lieferausfällen in Abnehmerunternehmen unmittelbar zum Erliegen. Durch die enge Integration von Prozessen bei pro-

---

[64] Vgl. Stölzle/Heusler/Karrer (2004), S. 34 f.
[65] Vgl. Howard (1984), S. 4.
[66] Vgl. Haasis (1999), S. 424 f.
[67] Vgl. http://www.bundesbank.de/statistik/statistik_wirtschaftsdaten_tabellen.php, Abruf am 24.08.2008.
[68] Vgl. Kistner (1994), S. 133.

duktionssynchroner Lieferung, wird die Auftragsdurchlaufzeit von Bestellungen innerhalb der Wertschöpfungskette wesentlich durch die Lagerdauer von Beständen in den jeweiligen Fertigungsabschnitten (Dock-to-dock-time) bestimmt. Hier hat auch die Auslegung der eingesetzten Lager- und Sortiertechnik Einfluss auf die Effizienz und Robustheit nachfolgender Wertschöpfungsglieder und ist ein wichtiger Faktor bei der Synchronisierung des Materialflusses zur Bestandsreduzierung.[69]

Um diesen hohen Anforderungen gerecht zu werden, wurde im Rahmen des Projekts SUCULOG zur Flexibilisierung und Dynamisierung der Just-in-Sequence-Logistik ein CubeSorter auf Basis einer flexibeln Sortier-Technologie entwickelt. Diese wird im Rahmen eines vom Bundesministerium für Bildung und Forschung geförderten und vom Lehrstuhl für Allgemeine Betriebswirtschaftslehre, Produktionswirtschaft und Industriebetriebslehre, an der Universität Bremen koordinierten Forschungsprojekts entwickelt.[70] Die Pilotanwendung war die produktionssynchrone Lieferung von Fahrzeugsitzen des Bremer Werkes von Johnson Controls. Als technischer Kern des Konzepts dient der CubeSorter, ein aufgeständerter vollautomatisierter Unstetigförder mit kompakt angeordneten Quer- und Längsförderern sowie Hubstationen. Eine Sortiereinheit ist in modularisierter Form ausgelegt und besteht aus mehreren Teilzellen, an deren Seiten mehrere Endstellen zur Ein- und Ausgabe bedarfsgerecht installiert werden können. Dies hat den Vorteil, dass durch variable Widmung von Bedienstationen die Umschlagsleistung erhöht werden kann, indem diese abwechselnd Beschickungs- und Ausgabefunktionen übernehmen können. Zum Abarbeiten von Umschlagsspitzen, zwischenlagern von Halbfabrikaten oder dem Vereinnahmen von Retouren (als Batch) kann eine Parallelbearbeitung gewählt werden.[71]

Für die Pilotanwendung findet der CubeSorter u. a. Verwendung in der Produktionslogistik als Sequenzierer für Blendensets im Sitzverbau. Dazu wird ein bestehendes Bodenzeilenlager an Kleinladungsträgern für Blendensets ersetzt. Durch die Etablierung einer dynamischen Bereitstellung („Ware-zum-Mann-Prinzip“) wird eine Verkürzung von Weg- und Suchzeiten erzielt, die die Produktivität beim Bestücken der Produktionslinie erhöht und die Fehlerrobustheit durch eine automatisierte Bereitstellung von Blendensets verringert. Dies kommt auch der Ergonomie zugute und das Aufheben von Behältnissen aus dem Bodenzeilenlager entfällt. Dies ermöglicht eine konstantere Leistungserbringung der Mitarbeiter.[72]

---

69 Vgl. Haasis/Plöger (2007), S. 368.

70 Das Projekt SUCULOG wurde vom Bundesministerium für Bildung und Forschung gefördert und vom Lehrstuhl für ABWL, Produktionswirtschaft und Industriebetriebslehre an der Universität Bremen koordiniert. Weitere Partner im Konsortium waren die Johnson Controls Headliner GmbH, die CTS Logistiksysteme GmbH, die Hochschule HFU Furtwangen, die Green IT GmbH, das ISL Bremen, das DIN e.V. und die GVZe Bremen.

71 Vgl. Haasis/Plöger (2007), S. 368.

72 Vgl. Haasis/Plöger (2007), S. 369.

Um die Anforderungen einer montagegerechten Versorgung zu erfüllen, dient der CubeSorter als Sortier und Sequenzierer vor der Fertigungslinie. Die zu sortierenden Kleinladungsträger zirkulieren dabei intermittierend in verschiedenen Zonen, um bei Bedarf schnell ausgelagert werden zu können. Die Ausgabereihenfolge richtet sich dabei nach der Montagesequenz beim Abnehmer („Perlenkette"), wobei auch auf Eilaufträge reagiert werden muss, um eine kurzfristige Umstellung der Liefersequenz für den Verbau abzubilden. Ebenso müssen Maßnahmen der Rüstzeitverkürzung in der Fertigung durch die Produktionslogistik unterstützt werden, um die Anlagenauslastung bei einer Vielzahl von Varianten zu optimieren – unter Gewährleistung einer hohen Störungsrobustheit aller Prozesse.[73]

Ein weiteres Anwendernutzen im Einsatzschwerpunkt ist der Wegfall der Bediengasse, was die Hindernisbildung im Lagerbereich und bei der angrenzenden Produktionslinie verringert und dadurch die Flächenproduktivität und -verfügbarkeit im Fertigungsbereich erhöht. Damit vereint der CubeSorter den hohen Flächennutzungsgrad eines Blocklagers mit einem flexiblen und schnellen Zugriff auf Artikel, wie es bei Zeilenlagerkonzepten möglich ist. Dies hatte eine besondere Bedeutung für das Pilotprojekt, um als Zusatzfunktion die Rückführung von angebrochenen Kleinladungsträgern bzw. den darin enthaltenen Sets in der Sitzfertigung zu ermöglichen. Anstelle einer Retour bei Fehlteilen oder Zugriff auf ein Set zum Einsatz von Ersatzteilen nach Ausschuss (mangels eines sortenreinen Bestands an Blenden), werden die bisher angebrochenen Blendensets zusammen komplementiert. Durch eine semi-automatische Unterstützung müssen angebrochene Blendensets nicht mehr im Lager gesammelt und nach manueller Durchsicht aus den vorhandenen Rest-Sets vervollständigt werden (wobei regelmäßig nur wenige komplette Sets „gepuzzelt" werden konnten und die Mehrheit an den Hersteller zurückgesandt werden musste), sondern der CubeSorter ermöglicht die Erfassung der fehlenden Setkomponenten und unterstützt die Vervollständigung der Blendensets an Doppel-Endstellen durch Werker (Ausschuss entnommener Einzelteile in einer Datenbank hinterlegt).
Die Einsparungspotenziale liegen vor allem bei den Kosten für den Rücktransport der Setboxen (einschließlich der Ersatzanschaffung für fehlende Sets) sowie bei dem Handling durch eine Vielzahl von Mitarbeiter bei der Komplementierung angebrochener Sets. Dies schafft Erleichterungen für die Mitarbeiter, indem diese nun auch zwischen ihren sonstigen Tätigkeiten flexibel komplementieren können und dabei nicht mehr im Bodenblocklager arbeiten müssen (mit dem einhergehenden Bücken), sondern auf Hüfthöhe die Blendensets angeboten bekommen. Aus der resultierenden Bedarfsverringerung an Blendensets folgt zugleich auch eine Verminderung der Umweltbelastung durch verringerten Ressourcenverbrauch und reduzierte Abgasemissionen durch entfallene Rückfuhren.

[73] Vgl. Haasis/Plöger (2007), S. 369.

Bei der Auslegung des CubeSorters war ein Schlüsselattribut, dass das Lagersystem flexible Bedarfe decken kann und ebenso bedarfsgerecht skalierbar ist. Denn je spezifischer automatisierte Lager- und Fördertechnik auf einzelne Unternehmensanforderungen zugeschnitten ist, desto größer ist das Risiko, dass bei wandelnden Rahmenbedingungen im Hinblick auf die Lagertechnik massive Anpassungsinvestitionen oder gar Neuanschaffungen erforderlich werden. Zudem erfordert der Einsatz automatisierter Fördertechnik das Vorhalten von qualifiziertem Personal.[74] Außerdem werden in der Praxis häufig nicht nur systemreine Lager verwendet, sondern durch Kombination von Anlagetypen werden Mischsysteme (zusammengesetzt aus verschiedenen Lager- und Sortieranlagen)[75] geschaffen, welche durch ihren hohen Investitionsbedarf den Nachteil einer sehr hohen Fixkostenintensität aufweisen.

Eine erhebliche Herausforderung stellt die Zunahme der Variantenzahlen dar, die sich aus dem bereits angesprochenen Trend zu einer kundenindividuellen Produktion ergibt. Eine Bewältigungsstrategie gegen ausufernde Bestände für einzelne Varianten ist die Lagerung von Halbfabrikaten an Stelle von kundenspezifischen Fertigprodukten. Durch die geringere Typenvielfalt der zu lagernden Objekte ist eine flexible Umwidmung von Vorprodukten zu einem spezifizierten Endprodukt möglich und die Kapitalbindung wird reduziert. Dies wird auch als Postponementstrategie bezeichnet.[76] Allerdings bedarf ein solcher Logistikansatz zusätzliche Prozessflexibilität und -integration der Logistik mit der Fertigung. Dies führt in Mass-Customization-Konstellationen zu einem fortlaufenden Vorhalten von einem breiten Artikelsortiment mit verschiedenen Umschlagsraten und Auftragsdurchlaufzeiten sowie jeweils geringen Bestandshöhen pro Artikel. Eben ein solches Anforderungs- und Artikelspektrum mit jeweils einer Fördertechnik-Systemlösung für jede denkbare Artikelvariante bewältigen zu wollen, lässt das Anlageninventar ausufern – mit entsprechend negativen Folgen für die Flächennutzungsgrade eines Lagers. Ein solches logistisches Konzept wird daher einer kundenindividuellen Fertigung nicht gerecht. Mit der CubeSorter-Technologie wurde daher ein anderer Weg gegangen. Sie vereinigt ein Pufferlager mit einer Sorterfunktion in einem integrierten und kompakten Modul, das die Vorteile eines Zeilen- und Blocklagers hinsichtlich kompakter Lagerung und Ein- bzw. Auslagerungsleistung kombiniert. Durch modularisierte Strukturierung und flexible Bestückbarkeit ist das Lager skalierbar und ermöglicht eine flexible Anpassung an wechselnde Bedarfsprofile.[77]

Ebenso ermöglicht die modulare Ausgestaltung die Anpassung an das Layout der Umgebung und passt sich somit in das Fertigungslayout ein. Hierdurch eröffnen

[74] Vgl. Bode/Preuß (2004), S. 84.
[75] Vgl. Jodin/ten Hompel (2006), S. 5.
[76] Vgl. Pfohl (2004), S. 207.
[77] Vgl. Haasis/Plöger (2007), S 370.

sich Spielräume zur Anpassung der Lagertechnik bei Änderungen im Fertigungslayout und zur Gewinnung von zusätzlichen Flächen durch Umwidmung bei langfristigen Bestandsschwankungen – so auch bei grundsätzlicher Veränderung des Durchschnittsbestands, Umschlagsvolumina und Veränderungen in Tiefe und Breite des Artikelsortiments – wie es für kundenindividuelle Fertigung bei produktionssynchroner Versorgung charakteristisch ist. Der Kapazitätsquerschnitt des CubeSorters hinsichtlich Bestandshöhe und -umschlag lässt sich durch entfernen oder hinzufügen von Teilmodulen anpassen. Zudem ermöglicht er das dezentrale Sortieren in kleinen logistischen Einheiten. Das ist ein erheblicher Vorteil gegenüber den bisher üblichen Sortern, die sich nur begrenzt an schwankende Durchsatzanforderungen anpassen lassen.[78]

Bode und Preuß (2004) fassen die gewandelten Anforderungen an Lager durch Einbindung in Just-in-Time oder Just-in-Sequence-Prozesse pointiert zusammen: „In JiT-Systemen dienen Lagerhäuser nicht mehr dem Halten von Beständen (Storage), sondern sie sind Einrichtungen, die vor allem dem Umschlag und der Konsolidierung (Warehousing) dienen. Das Material, das in immer kürzeren Zeitabständen angeliefert wird, benötigt weniger Platz für die Lagerhaltung, dafür aber mehr Platz für Handlings- und Zusammenführungsaufgaben (z. B. Sortierung, Kommissionierung, Ladeeinheitenbildung etc.). Auch hat der Transport in einer JiT-Umgebung einen viel höheren Stellenwert als in konventionellen Systemen.“[79]

Zukünftige Anforderungen an Prozesse der Lagerlogistik werden noch um mindestens folgende Punkte zu erweitern sein:

- Unterstützung automatischer oder semi-automatischer Entladungsmöglichkeiten für Pufferlager mit funktionalem Bezug zu Wareneingängen (Beitrag zur Reduzierung der Handlingkosten)
- Realisierung montagegerechter Auslagerungen in Sequenz ohne Abstriche bei der Zugriffsfreiheit, einzelne Elemente für Sonderaufträge und Qualitätssicherungsmaßnahmen entnehmen zu können
- Ermöglichung einer automatische Bestandserfassung und Dokumentation (nicht nur aggregiert sondern artikelindividuell zur Gewährleistung des FIFO-Prinzips)
- Erweiterte Notlaufbetriebkonzepte zur Gewährleistung einer hohen Prozesssicherheit
- Ergonomisch günstigere Bereitstellung (insbesondere durch dynamische Bereitstellung „Ware-zum-Mann“)
- Neue Ansätze zur Erhöhung der Flächen- und Raumnutzungsgrade (z. B. durch chaotische Lagerung)

[78] Vgl. Hirschmüller (2004), S. 2.
[79] Bode/Preuß (2004), S. 378.

- Gewährleistung sehr hoher Servicegrade (Six Sigma)
- Automatisierte Lagerung auch formlabiler Teile

Der Gesichtspunkt der Flexibilität der technischen Infrastruktur wird nicht nur hinsichtlich der unmittelbaren Zwecke der Anlagenverwendung von Bedeutung sein, sondern bei stationärer Installation auch Auswirkungen auf den Wert einer Logistikimmobilie haben. Flexible, multifunktionale und skalierbare Lagertechnik bildet demnach eine Säule der Drittverwendbarkeit von Lagerhäusern.

Als Fazit lässt sich feststellen, dass mit der Zunahme kundenindividueller Fertigungskonzepte gleichgerichtet Bedarfe für Flexibilität und Skalierbarkeit logistischer Lager- und Sortierprozesse entstehen. Eine neuere Innovation in diesem Bereich ist der CubeSorter, der zugleich die Ausschöpfung von Zusatznutzen ermöglicht.

Literaturverzeichnis

Deutsche Bundesbank (2007): Hochgerechnete Angaben aus Jahresabschlüssen deutscher Unternehmen von 1994 bis 2006; statistische Sonderveröffentlichung 5 der deutschen Bundesbank, Dezember 2007, Frankfurt/M.

Baker, P./Halim, Z. (2007): An exploration of warehouse automation implementations: Cost, service and flexibility issues, in: Supply Chain Management, 12. Jg., 2/2007, S. 129-138.

Bode, W./Preuß, R. W. (2004): Intralogistik in der Praxis, Suhl.

Fischer, W./Dittrich, L. (2004): Materialfluß und Logistik. Potentiale vom Konzept bis zur Detailauslegung, 2. Aufl., Berlin et al.

Fung, S. H./Cheung, C. F./Lee, W. B./Kwok, S. K. (2005): A virtual warehouse system for production logistics, in: Production Planning & Control, 16. Jg., 6/2005, S. 597-607.

Gudehus, T. (1976): Staueffekte vor Transportknoten, in: Zeitschrift für Operations Research, 20. Jg., 6/1976, S. B207-B252.

Gudehus, T. (2005): Logistik. Grundlagen, Strategien, Anwendungen, 3. Aufl., Berlin/Heidelberg.

Gunasekaran, A./Marri, H. B./Menci, F. (1999): Improving the effectiveness of warehousing operations: a case study, in: Industrial Management & Data Systems, 99. Bnd., 8/1999, S. 328-339.

Haasis, H.-D. (1999): Koordinationskonzepte und Informationssysteme für das Umweltmanagement, in: Corsten, H./Friedl, B. (Hrsg.): Einführung in das Produktionscontrolling, München, S. 415-445.

Haasis, H.-D. (2008): Produktions- und Logistikmanagement. Planung und Gestaltung von Wertschöpfungsprozessen, Wiesbaden.

Haasis, H.-D./Plöger, M. (2007): Flexible Lagertechnik für Just-in-Sequence-Logistik, in: Hebezeuge und Fördermittel. Fachzeitschrift für Technische Logistik, 47. Jg., 7-8/2007, S. 368–370.

Hartlieb, C. (1997): Konzeption eines unternehmensübergreifenden Schnittstellen-Controlling zur Realisierung einer Just-in-Time-Wertschöpfungspartnerschaft, Lohfelden.

Hirschmüller, T. (2004): Leistungskriterien und Systemfindung für die Stückguteinschleusung auf Sorter, Dortmund.

Houlihan, J. B. (1985): International Supply Chain Management, in: International Journal of Physical Distribution and Materials Management, 15. Jg., 1/1985, S. 22-38.

Howard, K. (1984): Inventory Management in Practise, in: International Journal of Physical Distribution & Materials Management, 14. Jg., 1/1984, S. 3-36.

Jodin, D./ten Hompel, M. (2006): Sortier- und Verteilsysteme. Grundlagen, Aufbau, Berechnung und Realisierung, Berlin/Heidelberg.

Jünemann, R./Schmidt, T. (1999): Materialflußsysteme. Systemtechnische Grundlagen, 2. Aufl., Berlin et al.

Kistner, K.-P. (1994): Die Substitution von Umlaufvermögen durch Anlagevermögen im Rahmen der Produktion auf Abruf, in: OR Spektrum, 16. Jg., 2/1994, S. 125-134.

Klaus, P. (1996): Lager: Funktionen und Arten, in: Kern, W./Schröder, H.-H./Weber, J. (Hrsg.): Handwörterbuch der Produktionswirtschaft, 2. Aufl., Stuttgart, S. 1014-1023.

Koether, R. (2001): Technische Logistik, 2. Aufl., München.

Martin, H. (1999): Praxiswissen Materialflußplanung. Transportieren. Handhaben. Lagern. Kommissionieren, Braunschweig/Wiesbaden.

Needham, P. M./Evers, P. T. (1998): The Influence of Individual Cost Factors on the Use of Emergency Transshipments, in: Transportation Research Part E, 34. Jg., 2/1998, S. 149-160.

Nicolaou, A. I. (2002): Adoption of just-in-time and electronic data interchange systems and perceptions of cost management systems effectiveness, in: International Journal of Accounting Information Systems, 3. Jg., 1/2002, S. 35-62.

Olhager, J. (2002): Supply chain management: a just-in-time perspective, in: Production Planning & Control, 13. Jg., 8/2002, S. 681-687.

Pfohl, H.-C. (2004): Logistiksysteme. Betriebswirtschaftliche Grundlagen, 7. Aufl., Berlin et al.

Schulte, G. (1996): Material- und Logistikmanagement, München/Wien.

Stölzle, W./Heusler, K. F./Karrer, M. (2004): Erfolgsfaktor Bestandsmanagement. Konzepte – Anwendung – Perspektiven, Zürich.

Tempelmeier, H. (2006): Bestandsmanagement in Supply Chains, 2. Aufl., Norderstedt.

Ten Hompel, M./Schmidt, T./Nagel, L. (2007): Materialflusssysteme. Förder- und Lagertechnik, 3. Aufl., Berlin/Heidelberg.

2 Hochkompakte Lagersysteme

Marco Plöger[1]

2.1 Einleitung

Ein wesentliches Ziel der betrieblichen Werks- und Layoutplanung ist die effiziente Nutzung von knappen Platzkapazitäten. Die begrenzte Verfügbarkeit und die hohen Kosten von Immobilien in der Nähe von Metropolen sowie die begrenzte Ausbaubarkeit von gewachsenen Betriebsgeländen macht Platzeinsparungen zu einer strategischen Herausforderung innerhalb der Lagerplanung. Je intensiver Flächen genutzt werden, desto länger können expandierende Unternehmen Investitionen in zusätzliche Werksgelände hinauszögern. Auch in der operativen Gestaltung von Fabriklayouts hat eine kompakte Lagerung eine hohe Bedeutung.[2]

Statt Lagerstätten nur als Einzelplatzlager auszustatten, bei denen alle Ladeeinheiten im direkten Zugriff sind, können auch Mehrfachlagerplätze eingesetzt werden. Hier werden mehrere Ladeeinheiten hintereinander auf einem Lagerplatz untergebracht. Bei solchen doppelt-tiefen (oder entsprechend k-tiefen) Lagerplätzen ist jeweils nur das der Auslagerseite zugewandte Lagergut ohne Umlagerung erreichbar. Dabei kann das Lagergut zwischen Umlagervorgängen unbewegt liegen bleiben oder wird (wie im Fall von Umlauflagern oder Verschieberegallagern) in einem Lagerplatz bewegt, so dass die Lagerplätze mobil sind. Sind Ein- und Auslagerseite eines Lagerplatzes getrennt, entspricht dies ferner einem Durchschubregal.[3] Zur Umlagerung in stationären Lagerplatzsystemen bedarf es eines Bedienkanals, in dem unterfahrende Verfahrwagen oder Satellitenfahrzeuge eines Regalbediengeräts manövrieren können.[4] Solche Lager, bei denen das Lagergut aufgrund des Verzichts auf permanente Bediengassen mitbewegt werden muss, um es auszulagern, werden von Gue (2006) als hochkompakte Lager bezeichnet. Er nennt das Beispiel einer Anlage, die dynamisch das Lagergut innerhalb des Lagers zirkulieren lässt, um vorausschauend später auszulagernde Güter in die Nähe des Auslagerbereichs (Endstellen) zu bringen. Diese antizipierende Stückgutbewegung soll die Distanz des Lagerguts zum Auslagerbereich verringern, um die Auslagerzeiten zu optimieren.[5]

Um den Platzbedarf von Bedienkanälen zu vermeiden, werden auch Blocklager als kompaktere Lagerform verwendet. Blocklagerung bedeutet, dass das Lagergut zu einem kompakten Block angeordnet wird, indem durch Verzicht auf jegliche Bediengassen das Lagergut direkt neben-, über- und hintereinander gelagert wird. Hierdurch ist der Raumnutzungsgrad sehr hoch, allerdings sind nur die äußersten

---

[1] Dipl.-Kfm. Marco Plöger, Institut für Seeverkehrswirtschaft und Logistik (ISL).

[2] Vgl. Gue (2006), S. 93.

[3] Vgl. Gudehus (2005), S. 591 f.

[4] Vgl. Gudehus (2005), S. 600.

[5] Vgl. Gue (2006), S. 94.

oberen Güter zugänglich, was eine LIFO-Lagerung und daher hohe Auslagerungs- und Räumungszeiten bedingt. Die Anwendung ist entsprechend beschränkt auf spezialisierte Anwendungen, wie die Lagerung von Ganzladungen bei Pufferlagern im Warenein- oder -ausgang sowie bei nichtverderblichen einheitlichen Lagern (z. B. für Rohstoffe).[6]

In diesem Beitrag soll auf verschiedene Ausprägungen von kompakten Lagerformen eingegangen werden. Dabei findet der Raumnutzungsgrad[7] eine besondere Aufmerksamkeit, da die Raumnutzung regelmäßig durch eine begrenzte realisierbare Lagerhöhe eingeschränkt wird.[8] Neuere Entwicklungen bei Zeilenlagersystemen werden mit Blocklagersystemen hinsichtlich der möglichen Lagerplatzeinsparungen verglichen. Die Packdichte wird dabei zunächst bei der ebenerdigen Raumnutzung untersucht, um anschließend ein kompaktes System zu beschreiben, welches einerseits durch mehrebige Lagerung in der Höhe eine kompakte Volumenausnutzung ermöglicht und zugleich ein Sortiersystem für Stückgüter integriert.

2.2 Zeilenlager

2.2.1 Stationäre k-tiefe Zeilenlager

Aufgrund der wachsenden Immobilienkosten in Ballungsräumen und dem zunehmenden Bedarf, in Fertigungsumgebungen kompakte Pufferlager bereitzustellen, ist von einem zunehmenden Bedarf an hochkompakten Lagern auszugehen.[9] Zudem kann mit der Entwicklung solcher Systeme ein Beitrag erbracht werden, die Personalkosten – als bedeutendste Kostenart im Lagerbereich – durch Automatisierung zu reduzieren. Offen im Forschungsdiskurs ist allerdings das Verhältnis von Packdichte in einem hochkompakten Lager und der korrespondierenden Auslagerzeit.[10] Fujie (2003) entwickelt einen exakten Algorithmus zur Generierung von k=1-tiefen Lagersystemen mit optimaler Dichte.[11] Allerdings ist dieser Algorithmus NP-hart und weist außerordentlich hohe Laufzeiten auf. Darauf aufbauend schlägt Gue (2006) einen heuristischen Algorithmus vor, der bei einer ebenerdigen Lagergröße von n•m Lagerplätzen und einer k-tiefen Lagerplatzanordnung unter der Bedingung m, n > 2k+1 die maximale Packdichte unter Einbezug einer Bediengasse erzielt. Im Resultat kann so ein Lager mit relativ hoher Lagerdichte realisiert werden, dass noch nicht ein hochkompaktes Lager ist – d. h. bei dem

[6] Vgl. ten Hompel/Schmidt/Nagel (2007), S. 62.

[7] In diesem Zusammenhang ist der Raumnutzungsgrad der Quotient aus Lagergutvolumen (einschließlich Ladehilfsmittel) und dem Gesamtlagervolumen.

[8] Vgl. Jünemann/Schmidt (1999), S. 81.

[9] Vgl. Haasis/Plöger (2007), S. 369.

[10] Vgl. Gue (2006), S. 94.

[11] Vgl. Fujie (2003), S. 1935 ff.

nicht Stückgüter ausgelagert werden müssen, um an andere Stückgüter heranzukommen:[12]

Algorithmus Fill-and-Rotate:

Benötigt: Ein m•n Gitter mit einem Dichtekoeffizient von k.

Nebenbedingung: Das Gitter ist mit der n-langen Seite nach unten ausgerichtet.

Schritt 1: Reihe k Reihen von Stellplätzen auf der nach unten gerichteten Seite auf und markiere eine Bediengasse, rotiere das Gitter um 90° gegen den Uhrzeigersinn; $l_1 \leftarrow n$.

Schritt 2: Reihe k Reihen von Stellplätzen auf der nach unten gerichteten Seite auf und markiere eine Bediengasse; $l_1 \leftarrow l_1 - (2k+1)$.

Schritt 3: Solange $l_1 \geq 2k+1$ gilt

Schritt 4: Reihe 2k Reihen auf und markiere eine Bediengasse; $l_1 \leftarrow l_1 - (2k+1)$.

Schritt 5: Beende solange

Schritt 6: Wenn $l_1 \leq k$ dann

Schritt 7: Reihe l_1 Reihen auf und stoppe

Schritt 8: Andernfalls $\{k < l_1 \leq 2k\}$

Schritt 9: Rotiere das Gitter um 90° gegen den Uhrzeigersinn; $l_2 \leftarrow m - (k+1)$.

Schritt 10: Reihe k Reihen auf $l_2 \leftarrow l_2 - k$.

Schritt 11: Solange $l_2 \geq 2k+1$ gilt:

Schritt 12: Markiere eine Bediengasse und reihe 2 k Reihen auf; $l_2 \leftarrow l_2 - (2k+1)$.

Schritt 13: Beende solange

Schritt 14: Wenn $l_2 \geq k$ dann

Schritt 15: Markiere eine Bediengasse und reihe l_2-1 Reihen auf und stoppe.

Schritt 16: Andernfalls $\{l_2 \leq k\}$

Schritt 17: Rotiere das Gitter um 90° im Uhrzeigersinn.

Schritt 18: Reihe k Reihen der Länge l_2 auf und markiere eine Bediengasse.

Schritt 19: Wenn $l_2 > 1$ dann

Schritt 20: Reihe l_2-1 Reihen auf und markiere eine Bediengasse, stoppe.

Schritt 21: Beende wenn

Schritt 22: Beende wenn

Schritt 23: Beende wenn

Gue (2006) beweist hierzu, dass die Dichte eines k-tiefen Zeilenlagers maximal 2k/(2k+1) betragen kann.[13] Eine einfach-tiefe Lagerung würde unter der Annahme, dass die Breite der Bediengasse der Breite der Lagerstellplätze entspricht, eine maximale Lagerdichte von 66% bedeuten, bei einer doppelt-tiefen Lagerung würde die maximale Lagerdichte bei 80% liegen. Demgegenüber gibt Gudehus (2005) die ebenerdige Lagerdichte bei einfachtiefen Regallagern nur mit 50% an (bei gleichem räumlichen Bedarf von Regalfläche und Bediengassen).[14] Hu et al.

---

[12] Vgl. Gue (2006), S. 98 f.

[13] Vgl. Gue (2006), S. 100.

[14] Vgl. Gudehus (2005), S. 601.

(2009) gehen für die Praxis bei einem einfachtiefen Regallager nur von einem ebenerdigen Lagernutzungsgrad von 40% aus.[15]

Abb. 1: Veranschaulichung des Fill-and-Rotate Algorithmus

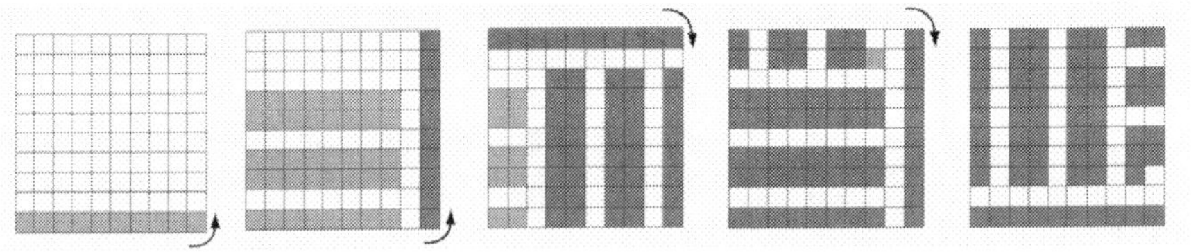

Quelle: Gue (2006), S. 96.

2.2.2 Mobile Zeilenlager – Verschieberegallager

Als Zwischenstufe von Zeilen- und Blocklagern fungieren Verschieberegallager. Als kinematisches Prinzip findet hier „feststehende Lagereinheiten in bewegten Lagerplätze" Anwendung.[16] Dabei werden die Regale auf Fahrschienen horizontal gegeneinander verschoben, so dass sie unmittelbar nebeneinander stehen und jeweils nur eine Bediengasse offen bleibt. Durch diese blockartige Anordnung werden die Vorzüge von Block- und Zeilenlagern kombiniert.[17] So geben Hu et al. (2009) den ebenerdigen Flächennutzungsgrad von Verschieberegalsystemen mit 85% an.[18]

Der Vorteil von Regalverschiebelagern liegt in der kompakten Lagerung durch den geringeren Platzbedarf der (verschiebbaren) Regalgasse. Als Nachteile stehen dem gegenüber, dass die einzelnen Lagerplätze schlecht zugänglich sind und erst die Lagerstellplätze verschoben werden müssen. Daraus folgt eine lange Zugriffszeit und eine simultane Ein- und Auslagerung an mehreren Stellen ist zumeist nicht möglich.[19] Die aufwendige Automatisierung benötigt ein hohes Investitionsvolumen und ebenso hohe Betriebskosten für Energie (Regalvorschub) und Wartung (Verschleiß). Dadurch eignet sich ein solches Lager vor allem für die langfristige Lagerung von Gütern mit geringer Umschlaghäufigkeit (z. B. für Archivierung), die eine hohe Lagerdichte benötigen.

Eine jüngere Entwicklung bei Verschieberegalen stellen Hu et al. (2009) vor. Sie schlagen eine oder mehrere Gassen orthogonal zum Regalverlauf vor (Middle Cross Aisle). Durch diese weitere Aufteilung von Regalen können eher mehrere Ein- und Auslagervorgänge simultan erfolgen, der Vorschub der einzelnen Regale erfordert weniger Energie und zudem werden die Laufwege für Lagerarbeiter verringert, weil nur noch kürzere Regalfronten abgelaufen werden müssen. Aller-

[15] Vgl. Hu et al. (2009), S. 1089.
[16] Vgl. ten Hompel/Schmidt/Nagel (2007), S. 80 f.
[17] Vgl. ten Hompel/Schmidt/Nagel (2007), S. 89.
[18] Vgl. Hu et al. (2009), S. 1089.
[19] Vgl. Martin (2006), S. 345 f.; Gudehus (2005), S. 601.

dings bedeutet ein solches Design das Eingehen von Kompromissen bei der ebenerdigen Lagerdichte, da die zusätzliche Gasse Platz benötigt.[20]

2.3 Blocklager

Für Zeilenlager wurde in Kapitel 2.2 gezeigt, wie eine möglichst hohe Lagerdichte erzielt werden kann. Charakteristisch für Zeilenlager ist das Freihalten einer Gasse, in der ein Lagermitarbeiter oder ein Regalbediengerät Ein- oder Auslagerprozesse vollführt. Allerdings bedingen die für Bediengassen freigehaltenen Zwischenräume eine Verringerung der Lagerdichte. Enge Bediengassen haben insbesondere für den Einsatz von Bedienfahrzeugen den Nachteil, dass teurere Spezialfahrzeuge angeschafft werden müssen und durch Einbahnverkehr Weglängen und Spielzeiten steigen.[21]

Eine höhere Packdichte als in Zeilenlagern wird in hochkompakten Blocklagern erzielt. Im Folgenden soll ein Überblick über unterschiedliche Ansätze gegeben werden.

2.3.1 Stationäre Blocklager

Stationäre Blocklager bilden die einfachste Form der Lagerung. Innerhalb eines Lagerhaufens können Bereiche nach Artikeln sortiert sein, zumeist werden aber artikelreine Lager gebildet. Eine Stapelung der Artikel ist möglich, wird aber durch die Instabilität der Güterstapel in die Höhe und die Belastbarkeit des Lagergutes begrenzt. Diese Lagerform ist kompakt und hat den geringsten Investitionsbedarf. Allerdings ist der Zugriff ohne Umlagerung auf die obersten und äußersten Artikel beschränkt. Daher ist der Einsatz von Bodenblocklagern zumeist nur bei Ganzladungen oder artikelreinen Lagergütern sinnvoll.[22]

Eine Blocklagervariante für stapelempfindliche Güter stellt das Einfahrregal dar, bei dem ein Flurförderfahrzeug mit Hubgerüst (Stapler) das Lagergut auf an Regalstehern befestigten Auflageriegeln ablegt.[23] Eine hierdurch größere Stapelbarkeit schafft eine bessere Ausnutzung der verfügbaren Raumhöhe, als bei konventionellen Blocklagern. Auch bei Einfahrregalen können Lagereinheiten mehrfach hintereinander gelagert werden.[24]

2.3.2 Mobiles Blocklager – Umlaufregal

Neben den klassischen Bodenblocklagen gibt es auch dynamisch-automatisierte Systeme, in denen das Lagergut intermittierend zirkuliert. Solange keine Ein- oder Auslagerung erfolgt, ruht das Lagergut. Charakteristisch ist also, dass die Lager-

---

[20] Vgl. Hu et al. (2009), S. 1102.
[21] Vgl. Gue/Kim (2007), S. 556.
[22] Vgl. ten Hompel/Schmidt/Nagel (2007), S. 61 f.
[23] Vgl. Martin (2006), S. 354.
[24] Vgl. Gudehus (2005), S. 594.

plätze beweglich sind.[25] Die Vorteile von bspw. solchen Karusselllagern (bei horizontaler Rotation) oder Paternosterlagern (bei vertikaler Rotation) liegen in der kompakten Lagerung unter Fortfall der Bedienungsgassen und der Verringerung von Wegezeiten durch der Realisierung des Ware-zum-Mann Prinzips. Nachteile liegen in der schlechten Zugänglichkeit, der begrenzten Ein- und Auslagerleistung durch lange Zugriffszeiten, der geringen Skalierbarkeit durch schlechte Ausbaumöglichkeiten sowie dem Aufwand für Investitionen in die Umlauftechnik und die Betriebskosten mit höherem Energieaufwand und Verschleiß.[26]

2.3.3 Mobiles Blocklager – Kanallager

Kanallager gibt es in zwei Ausprägungen: Bei dem Durchlaufregal werden artikelreine Lagereinheiten an einem etwas höher gelegenen Kanalende eingelagert. Durch das Gefälle des Lagerkanals rückt der Pulk auf Rollen nach vorne zur Kanalfront vor, die die Entnahmestelle bildet. Bremsrollen dienen der Sicherheit und verhindern Schäden am Lagergut durch auflaufenden Staudruck. Dieses System hält durch seine technische Auslegung automatisch das FIFO-Prinzip ein.

Von geringerer Bedeutung sind die Einschubregale, bei denen an der gleichen Seite ein- und ausgelagert wird.

Diese Lagersysteme eignen sich besonders für das Vorhalten von größeren Mengen an artikelreinen Lagergütern. Sie erzielen eine hohe Ein- und Auslagergeschwindigkeit. Durch den hohen Platzbedarf ist ein Vorhalten eines breiten Sortiments auf diese Weise zumeist nicht sinnvoll.[27]

2.3.4 Dynamische Blocklager – Gleitplatzlager

Gue/Kim (2007) beschreiben ein ebenerdiges Blocklager nach dem Prinzip des 15-Gleitstück-Puzzles (n^2-1) mit einer Ein- und Auslagerstelle für die kompakte Lagerung auf Schiffen. Um Lagergüter auszulagern muss dabei ein freier Stellplatz neben den derzeitigen Stellplatz des Lagergutes gebracht werden und dann das Stückgut zum Auslagerbereich „eskortiert“ werden. Die Umlagerung der im Blocklager dazwischenliegenden Lagereinheiten verzögert dabei die Auslagerung, was durch die kürzeren Distanzen in einem kompakten Blocklager nur zu einem kleinen Teil aufgewogen wird.

Daher sind solche Systeme nicht wirtschaftlich, können aber in speziellen Anwendungen gerechtfertigt sein, in denen mehr als 90% Packdichte erforderlich sind (für ein hochkompaktes System der Lagerung auf Schiffen erzielen die Autoren eine Packdichte von 94,4% bzw. 97,2%, was gegenüber einem einfachtiefen Zeilenlager mit einer Packdichte von 66,7% sehr effizient ist).[28]

---

25 Vgl. Gudehus (2005), S. 591.
26 Vgl. Martin (2006), S. 345 f.; Gudehus (2005), S. 603.
27 Vgl. ten Hompel/Schmidt/Nagel (2007), S. 81.
28 Vgl. Gue/Kim (2007), S. 566.

2.4 CubeSorter

2.4.1 Anforderungen an flexible Lagersysteme

Bei der vorangegangenen Darstellung der Lagerkategorien wurde deutlich, dass es mehrere Typen von Lagern mit jeweils spezifischen Vor- und Nachteilen gibt. Die in diesem Zusammenhang wesentlichen zwei Kategorien sind Zeilen- und Blocklager. Blocklager ermöglichen gegenüber Zeilenlagern durch den Wegfall der Bediengassen eine höhere Packdichte, benötigen aber deutlich längere Zeiten bei Ein- und Auslagerungen.

Durch die zunehmende Variantenvielfalt (vor allem aufgrund zunehmender Mass Customization-Orientierung des Angebotssortiments) und die einhergehende Erhöhung des Artikelspektrums wird der Platzbedarf im Lagerbereich einerseits höher, andererseits stellen Kunden zunehmend Anforderungen, dass Waren schnell und flexibel nach Auftragserteilung geliefert werden.[29] Auch ist eine schnelle Reaktionszeit von Lagersystemen von hoher Bedeutung, wenn logistische Prozesse eng ineinander greifen (wie im besonderen Beispiel der Versorgung Just-in-Time oder Just-in-Sequence), um Prozessunterbrechungen zu vermeiden und eine effiziente wie störungsrobuste Versorgung sicher zu stellen.[30]

Daher wurde im Rahmen des vom Bundesministerium für Bildung und Forschung geförderten Projekts SUCULOG eine neue Lagertechnologie entwickelt, die die Vorteile von Block- und Zeilenlager kombiniert und zugleich eine Sortiermöglichkeit für Stückgüter bereithält. Dabei handelt es sich um einen aufgeständerten vollautomatisierten Unstetigförderer, der in modularisierter Form Längs- und Querförderer sowie Hubstationen kombiniert. Dieses System erlaubt die simultane Ein- und Auslagerung an mehreren Endstellen,[31] was eine im Vergleich zu konventionellen Blocklagern höhere Umschlagsleistung ermöglicht. Zudem realisiert dieses System das Ware-zum-Mann Prinzip. Die in der Anlage zirkulierenden Stückgüter können sortiert werden, um sie bedarfsgerecht (z. B. in Sequenz für die produktionssynchrone Versorgung) bereitzustellen. Durch die kompakte Lagerung ohne Bediengassen und die skalierbare, mehrstöckige Lagerung wird ein hoher Flächennutzungsgrad erzielt. Durch Auslegung wird in einem Fertigungsumfeld ein flexibler Sortierpuffer bereitgestellt, der durch seinen kompakten Aufbau ohne Bediengassen die Hindernisbildung reduziert und sich durch seine Modularität flexibel in ein wechselndes Layout einfügt. Dadurch unterscheidet sich dieses Konzept von Großanlagen, die sich nur schwer an ändernde Durchsatzanforderungen anpassen lassen.[32]

---

[29] Vgl. Haasis/Plöger (2007), S. 368.

[30] Vgl. Plöger/Haasis (2008), S. 613.

[31] Die mehrfache Widmungsmöglichkeit trägt zudem zur Kompaktheit des Systems bei, weil Endstellen zwischen 60% und 70% des Flächenverbrauchs ausmachen, vgl. Jodin/ten Hompel (2006), S. 47.

[32] Vgl. Haasis/Plöger (2007), S. 370.

Ein wesentlicher Vorteil der modularen Auslegung ist die leichte Adaption der Technologie als kompakter Sortierpuffer innerhalb der räumlichen Restriktionen von bestehenden Fabriklayouts (z. B. Installation zwischen bestehenden Fertigungslinien ohne räumliche Umstrukturierung der Fabrikhalle). Zugleich erleichtert dies die Skalierung bei sich ändernden Durchsatzanforderungen. Die bisher existierenden Sortiertechnologien hingegen erlauben regelmäßig keine Kapazitätsanpassungen (Erweiterung oder Rationalisierung) bei Veränderungen des Durchschnittsbestands, der Anzahl an Auslagerungen oder Entnahmen sowie Veränderung des Artikelspektrums.[33]

2.4.2 Beschreibung der CubeSorters und seiner Steuerung

Der CubeSorter ist eine Kombination von Volumenelementen, die zusammengenommen Kopfstationen, Längsbahnen, Querbahnen oder Hub- bzw. Senkstationen bilden.

Abb. 2: Bewegungsrichtungen für Stückgut innerhalb eines CubeSorters

Abb. 2: Bewegungsrichtungen für Stückgut innerhalb eines CubeSorters

Dimension	Bewegungsmöglichkeiten
+Y, -Y	Der Behälter wird während eines Bewegungszyklus um ein Volumenelement in +Y-Richtung oder - Y-Richtung transportiert. Dies ist sowohl auf Längsbahnen als auch in Kopfstationen möglich.
+X, -X	Der Behälter wird während eines Bewegungszyklus um ein Volumenelement in + X-Richtung oder -X-Richtung transportiert. Dies ist nur auf Querbahnen möglich.
+Z, -Z	Der Behälter wird während eines Bewegungszyklus um ein Volumenelement in + Z-Richtung oder -Z-Richtung transportiert. Dies ist nur in den Hubstationen möglich. Wie in einem Personenlift steht das HUBtablar der Hubstationen nach einem Bewegungszyklus auf einer bestimmten Ebene. Alle anderen Ebenen sind dann ohne Funktion.
+2Y, -2Y	Der Behälter wird während eines Bewegungszyklus um zwei Volumenelemente in + Y-Richtung oder -Y-Richtung transportiert. Dies ist nur in Längsrichtung in den Kopfstationen möglich.
+Y ±X, +2Y ±X, -Y ±X, -2Y ±Y	Mit einer einfachen oder doppelt langen Vorwärtsbewegung (über zwei Volumenelemente) in eine Querbahn einmünden. Dies ist nur in Kopfstationen möglich.

Quelle: Haasis/Lausmann (2008), S. 76.

Alle Volumenelemente können individuell angesprochen werden. Zu einem dezidierten Zeitpunkt können Volumenelemente genau ein Tablar (Tray mit der Funk-

[33] Vgl. Haasis/Plöger (2007), S. 370.

tion eines Werkstückträgers) aufnehmen oder sie verbleiben leer (Einzelplatzbelegung).

Zwecks mechatronischer Steuerung verfügt jedes Volumenelement über eine eigene Identifikationsnummer. Die Ansteuerung kann in einer Weise geschehen, dass Tablare getaktet oder kontinuierlich für durchgehende Längs- oder Querbewegungen bewegt werden. Dabei sind Bewegungen jeweils bidirektional (Quer- und Längsbahnen können vor- und zurück bewegt werden). Zudem sind zwischen den Volumenelemente Doppelhub-Bewegungen möglich, bei der Tablare am Ende der Längsbahn in die Querbahn münden bzw. aus der Querbahn heraus in die Längsbahn eingehen. Dabei werden durch das entsprechende Stückgut in einem Zyklus zwei Volumenelemente durchschritten, wenn der Weg nicht durch ein anderes Stückgut belegt ist. Zur Abstimmung der Bewegungen müssen sich alle Tablare zyklisch synchron bewegen. Eine zyklische Antriebsbewegung (Kurbel-Antrieb) treibt alle Bewegungen an, wobei jede Bewegung von einem Volumenelement zum nächsten Volumenelement wiederum einem halben Antriebszyklus entspricht.

Abb. 3: Veranschaulichung der Bewegungszyklen des CubeSorters

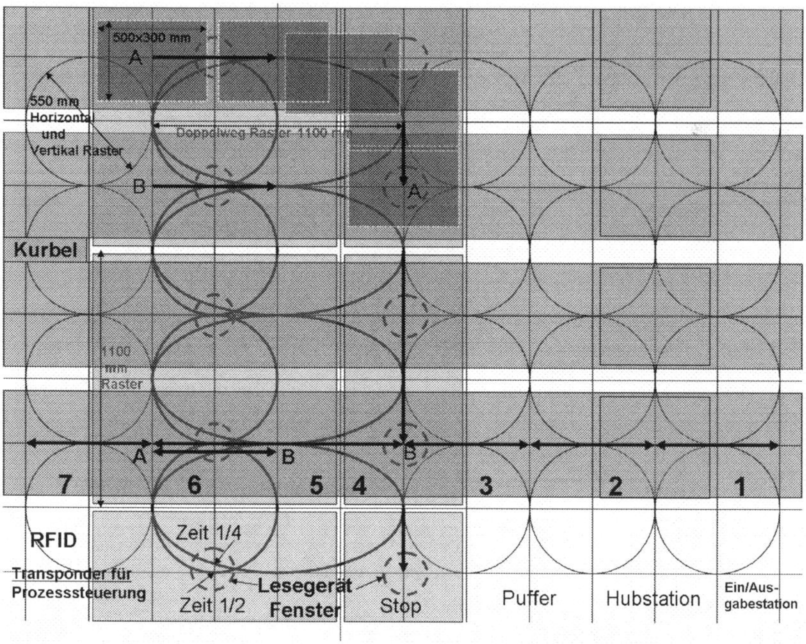

Quelle: Haasis/Lausmann (2008), S. 77.

Neben einer kontinuierlichen Bewegungsart, kann auch eine spezielle Taktung erfolgen, bei der im CubeSorter der zugrundeliegende Kurbelantrieb für eine Halbkreis-Längsbahn benutzt wird und der zweite Halbkreis der Kurbelbewegung die rückwärtige Bewegung antreibt. Die Abbildung 3 veranschaulicht einen Teil der mechanischen Prinzipien. Zur EDV-technischen Umsetzung wird hierbei auf der korrespondierenden Längsbahn ein Pausenzyklus implementiert, so dass kontinuierliche und getaktete Bewegungen vereinbar sind. Für die Abbildung der Cube-Sorter-Prozesse in der Steuerungslogik wird davon ausgegangen, dass jedes Volumenelement den für einen Stückgut-Behälter benötigte Platz in kubischer Form enthält, dessen Größe über Tiefe (Y), Höhe (Z) und Breite (X) definiert wird. Jedem Volumenelement werden je nach Position im CubeSorter spezifische Bewegungsoptionen zugewiesen, die unterschiedliche Förderrichtungen ermöglichen.

Basierend auf den im Patent des CubeSorters beschriebenen Kurbelantriebs wird die Bewegung aller Tablare in einem stringenten Zeittakt überführt, so dass sich alle Behälterbewegungen von der zyklischen Antriebsbewegung des Kurbelantriebs ableitet. Die Bewegung von einem Volumenelement zum nächsten Volumenelement benötigt einen halben Antriebszyklus. Diese Taktung gibt den diskreten Zeitverlauf zur Modellierung der Behälterbewegungen als Zyklus vor, in dem der Übergang von einem Tablar von einem Volumenelement ins nächste abgeschlossen ist. Durch diese einheitliche Bewegungsdauer wird die Ablaufsynchronisierung erleichtert.[34]

Abb. 4: Diskrete Stückgutförderung

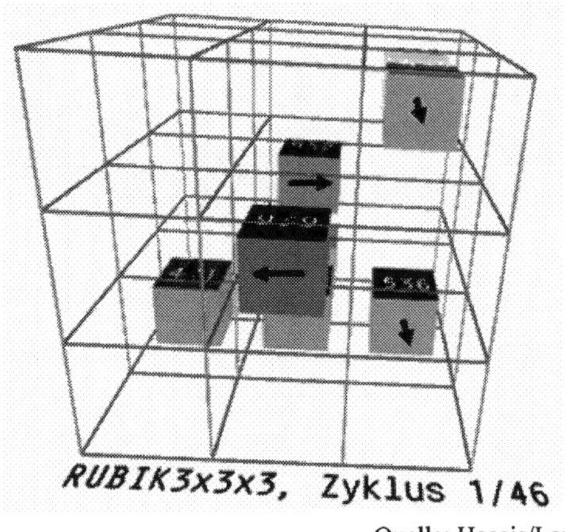

Quelle: Haasis/Lausmann (2008), S. 80.

Zur Umsetzung der technischen Fördervorgänge in eine computerisierte Steuerung ist die Definition folgender Parameter nötig:[35]

- RAUM_breit/lang: Breite des CubeSorters
- RAUM_lang/breit: Tiefe des CubeSorters

[34] Vgl. Haasis/Lausmann (2008), S. 79 f.
[35] Vgl. Haasis/Lausmann (2008), S. 82.

- RAUM_hoch: Höhe des CubeSorters
- VE_breit/lang: Breite eines Volumenelements
- VE_lang/breit: Tiefe eines Volumenelements
- VE_hoch: Höhe eines Volumenelements
- EBENEN: Anzahl der Ebenen im CubeSorter
- ZYKLUS: Dauer eines (Bewegungs-) Zyklus
- RTV_breit/lang: Breite des reservierten Transportvolumens
- RTV_lang/breit: Tiefe des reservierten Transportvolumens
- RTV_hoch: Höhe des reservierten Transportvolumens
- BESATZ_max: Maximal zulässiger Bestückungsgrad des Cubesorters
- SAUSLAGER_min: Kürzest zulässige Auslagerungsdauern
- SAUSLAGER_frequenz: Zulässige Auslagerungshäufigkeit
- TAKTZEIT: Angenommene Dauer eines Montagetakts bei Johnson Controls
- Finale Perlen-Kette FPK: Kürzest zulässige Zeit, innerhalb der die Verbaureihenfolge noch geändert werden darf

Die Perlenkette ist für ein spezielles Szenario nötig, in dem Teile sequenzgerecht für eine reihenfolgegenaue Anlieferung beim Kunden ausgelagert werden muss (Just-in-Sequence).[36]

Abb. 5: Ausschnitt der 3D-Visualisierung der Steuerungslogik

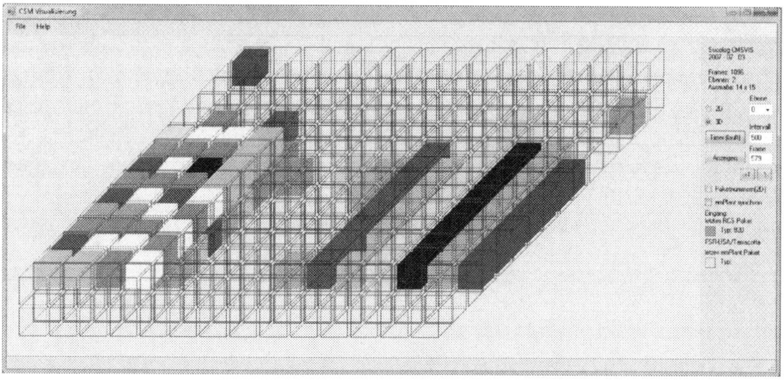

Quelle: Haasis/Lausmann (2008), S. 90.

36 Vgl. Plöger/Haasis (2008), S. 614.

Hier fungiert der CubeSorter als Pufferlager mit integrierter Sortierfunktion für den Warenausgang; hiervon rührt auch der Name CubeSorter her.[37] So können kurzfristig gemeldete Ergänzungsbedarfe flexibel berücksichtigt werden.

Dies ist von Interesse für eine robuste Gestaltung der Warenausgangsprozesse, damit bis kurz vor Versand der Komponenten die Reihenfolge noch bedarfsgerecht geändert werden kann, um eine hohe Sequenztreue zu halten.

Die Steuerungslogik enthält zudem Algorithmen, die eine dynamische Veränderung von Stückgut je nach Bedarfsprognose innerhalb des CubeSorters vorsieht: hochvolumige Stückgüter werden in priorisierten Zonen in der Nähe der Endstellen vorgehalten, um eine schnelle Auslagerung zu ermöglichen, während eher selten nachgefragte Güter in entlegeneren Zonen vorgehalten werden.

Die entsprechende Steuerungslogik wurde als Softwareapplikation realisiert und durch Schnittstellenanbindung per XML an eine Fertigungssimulation auf Basis einer Simulationssoftware einem Test unterzogen.

Dabei wurden mehrere Behälterdurchsatzszenarien simuliert, um verschiedene Anforderungskonstellationen an die Lager- und Sortierfunktionen zu untersuchen. Das Augenmerk wurde besonders auf den Grenzdurchsatz und mögliche Staueffekte gelegt. Weitere Untersuchungsschwerpunkte bezogen sich auf Optimierungsstrategien durch Zonung der Lagerbereiche für Güter mit mittlerer, hoher oder niedriger Auslagerpriorität. Die dynamische Definition und Auslegung der Zonen sowie die Zuordnung einer Vielzahl von Gütern zu den verschiedenen Auslagerprioritäten stellt eine erhebliche Herausforderung dar. Hintergrund für die Konzeption von Zonen ist die Idee einer logischen Entzerrung des Stückgutflusses. Je nach Lagereinheit können sehr unterschiedliche Anforderungen an die Zirkulation der Trays im CubeSorter gestellt werden: „High runner" sollen möglichst kurze Wege durchlaufen, damit möglichst kurze Bedienzeiten erzielt werden können. Andererseits sollen Behälter mit niedriger Umschlagsfrequenz in ruhigeren Zonen mit geringer Zirkulationstätigkeit zwischengelagert werden. Weitere Zonen mit sehr hoher Zirkulationstätigkeit müssen dabei fortlaufend vorgehalten werden, um parallel Sortierprozesse (z. B. zur Sequenzbildung bei größeren Auslagerungen) zu ermöglichen.[38]

Im Folgenden wird XML-Schema zur Einlagerung gegeben:[39]

```
<?xml version=„1.0“?>
<xs:schema xmlns:xs=„http://www.w3.org/2001/XMLSchema“>
 <xs:simpleType name=„fdSitztyp“ id=„fdSitztyp“>
```

[37] Sortiersysteme für Stückgut werden auch im deutschsprachigen Raum als Sorter bezeichnet, vgl. Arnold/Furmans (2007), S. 225; Jodin/ten Hompel (2006), S. 5.

[38] Vgl. Haasis/Lausmann (2008), S. 96.

[39] Vgl. Haasis/Lausmann (2008), S. 94.

```
  <xs:restriction base=„xsd:string“>
   <xs:enumeration value=„FSL“ />
   <xs:enumeration value=„FSR“ />
   <xs:enumeration value=„FSR-USA“ />
  </xs:restriction>
 </xs:simpleType>
 <xs:simpleType name=„fdFarbtyp“ id=„fdFarbtyp“>
  <xs:restriction base=„xsd:string“>
   <xs:pattern value=„([A-Z][a-z]){10}“ />
  </xs:restriction>
 </xs:simpleType>
 <xs:simpleType name=„fdNummer“ id=„fdNummer“>
  <xs:restriction base=„xsd:string“>
   <xs:pattern value=„[0-9]{9}“ />
  </xs:restriction>
 </xs:simpleType>
 <xs:element name=„BEs“>
  <xs:complexType>
   <xs:sequence>
    <xs:element name=„Foerdergut“ minOccurs=„1“ maxOccurs=„unbounded“/>
   </xs:sequence>
   <xs:attribute name=„Sitztyp“ type=„xs:fdSitztyp“ />
   <xs:attribute name=„Farbtyp“ type=„xs:fdFarbtyp“ />
   <xs:attribute name=„Nummer“ type=„xs:fdNummer“ />
  </xs:complexType>
 </xs:element>
</xs:schema>
```

Analog können Lagergüter ausgelagert werden. Für die Auslagerbefehle ist die Definition von weiteren Nebenbedingungen möglich (z. B. paarweise Auslagerung komplementärer Stückgüter oder Eilauslagerung für priorisierte Güter). Das XML-Format einer Auslagerungsauftrags-Datei lässt sich wie folgt veranschaulichen:[40]

```
<?xml version=„1.0“?>
<xs:schema xmlns:xs=„http://www.w3.org/2001/XMLSchema“>
 <xs:simpleType name=„fdSitztyp“ id=„fdSitztyp“>
  <xs:restriction base=„xsd:string“>
   <xs:enumeration value=„FSL“ />
```

[40] Vgl. Haasis/Lausmann (2008), S. 94 f.

```
<xs:enumeration value=„FSR“ />
<xs:enumeration value=„FSR-USA“ />
</xs:restriction>
</xs:simpleType>
<xs:simpleType name=„fdFarbtyp“ id=„fdFarbtyp“>
<xs:restriction base=„xsd:string“>
<xs:pattern value=„([A-Z][a-z]){10}“ />
</xs:restriction>
</xs:simpleType>
<xs:simpleType name=„fdNummer“ id=„fdNummer“>
<xs:restriction base=„xsd:string“>
<xs:pattern value=„[0-9]{9}“ />
</xs:restriction>
</xs:simpleType>
<xs:element name=„BEs Output“>
<xs:complexType>
<xs:sequence>
<xs:element name=„Foerdergut“ minOccurs=„1“ maxOccurs=„3“/>
</xs:sequence>
<xs:attribute name=„Sitztyp“ type=„xs:fdSitztyp“ />
<xs:attribute name=„Farbtyp“ type=„xs:fdFarbtyp“ />
<xs:attribute name=„Nummer“ type=„xs:fdNummer“ />
<xs:attribute name=„Ausgang“ type=„xs:intAusgangsNummer“ />
</xs:complexType>
</xs:element>
</xs:schema>
```

Eine Kombination dieser Aktivitäten mit Sortierfunktionen bildet zusammen mit weiteren Aktivitätsregeln die Gesamtsteuerung des CubeSorters. Die Sortierstrategien sind so ausgelegt, dass häufig eingesetzte Lagereinheiten sortenrein in die der Endstelle nächstgelegene Längsbahn gefördert werden. Der Vorteil liegt darin, dass häufig benötigte Stückgüter eine möglichst kurze Distanz in der Anlage überbrücken müssen und somit kurze Bedienzeiten erzielt werden. Hingegen werden Lagergüter mit geringer Auslagerfrequenz zu weiter entfernten Längsbahnen befördert.[41]

Damit es nicht zu Datenredundanzen kommt, kann die Vorhaltung der Stammdaten zum Lagergut in Warehouse Management Systemen (WMS) oder Enterprise Resource Planning Systemen (ERP) erfolgen. Über eine Schnittstelle werden dann die Daten bei Bedarf ausgelesen und synchronisiert. So kann auch auf Materialbedarfsprognosen oder konkrete Auftragsdaten zugegriffen werden, um anste-

[41] Vgl. Haasis/Lausmann (2008), S. 96 f.

hende Auslageraufträge bei der Zonung und Sortierung konkreter Lagereinheiten zu berücksichtigen.

Abb. 6: Aktivitätsdiagramm zur Zyklusausführung

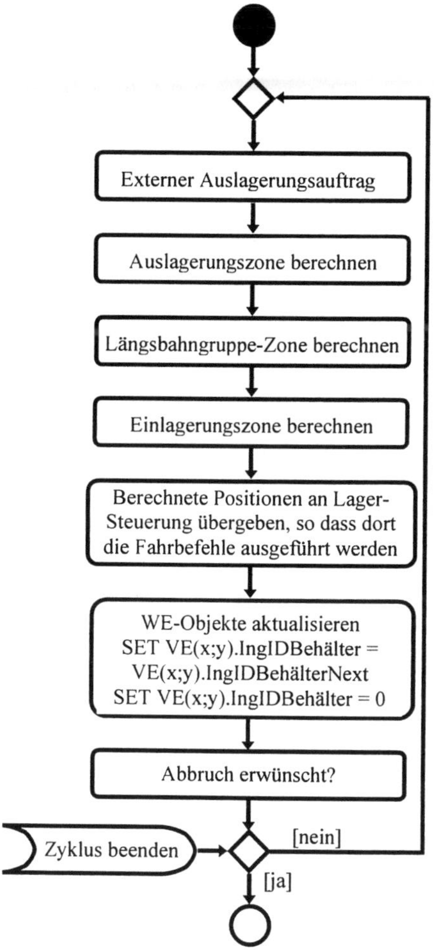

Quelle: Haasis/Lausmann (2008), S. 111.

2.5 Nachhaltige Effekte hochkompakter Lagersysteme

Unter dem Gesichtspunkt hoher Immobilienpreise werden Hochregallager immer mehr als Bauart bevorzugt. Dieser Trend wird durch die leichte Automatisierbarkeit solcher Systeme verstärkt, die Einsparungen bei den Personalkosten ermöglicht.[42] Ein solches „Ausweichen“ bei Lagerplatzknappheit in die Höhe ist aber nicht immer gangbar – vielfach ist bei bereits vorhandenen Lagergebäuden eine Anpassung von Lagerhöhe, Bodentragfähigkeit und anderen Aspekten der nötigen Infrastruktur nicht oder nur mit immensem Investitionsaufwand möglich. Gerade bei der Nutzung bereits bestehender Immobilien ist das Augenmerk stärker auf die Ausschöpfung bestehenden Raumangebots zu richten, wenn Abriss und Neubau bzw. Erweiterung nicht möglich oder nicht wirtschaftlich ist. Hier zeigen die vorgestellten Beiträge für hochkompakte Lagersysteme interessante Lösungsansätze auf. Zudem haben diese Systeme auch einen indirekten nachhaltigen Effekt: durch bessere Ausnutzung von bestehenden Raumpotenzialen mittels hochkompakter Lagersysteme, die sich flexibel skalierbar und bedarfsgerecht in bestehende Fabriklayouts einfügen, wird die Erschließung von zusätzlichem Baugrund für Erweiterungsbauten unnötig. Hierdurch wird der Verbrauch von Ressourcen dahingehend verringert, dass der Einsatz von Finanzmitteln und Baumaterial für Außenlagerneubauten entfällt und ebenso Transportkosten und -emissionen für Materialbewegungen im Zusammenhang mit innerbetrieblichem Transport vermieden werden (Minimierung der Transportdistanz durch dezentrale Lagerhaltung am Bedarfsort).[43] Gleichgerichtet hat der Einsatz hochkompakter Lager einen positiven nachhaltigen Effekt, indem durch ihren Einsatz der Flächenverbrauch reduziert wird. Neben den eingesparten Investitionskosten für den Grunderwerb werden Umweltbelastungen durch entfallende Eingriffe in die natürliche Umwelt verringert – wie negative Auswirkungen der Flächenversiegelung in Form von Verringerung der Abflussmöglichkeit für Regen- und Hochwasser, Zerschneidung von Wohnsiedlungen und Biotopen mit der einhergehenden Zerstörung von Lebensräumen für Pflanzen und Tiere.[44]

[42] Vgl. Arnold/Furmans (2007), S. 194.
[43] Vgl. Dykhoff/Souren (2008), S. 207.
[44] Vgl. Eisenkopf (2008), S. 1030.

Literaturverzeichnis

Arnold, D./Furmans, K. (2007): Materialfluss in Logistiksystemen, 5. Aufl., Berlin/Heidelberg.

Dykhoff, H./Souren, R. (2008): Nachhaltige Unternehmensführung. Grundzüge industriellen Umweltmanagements, Berlin/Heidelberg.

Eisenkopf, A. (2008): Logistik und Umwelt, in: Handbuch Logistik, 3. Aufl., Berlin/Heidelberg, S. 1017-1050.

Fujie, T. (2003): An exact algorithm for the maximum leaf spanning tree problem, in: Computers & Operations Research, 30. Jg., 13/2003, S. 1931-1944.

Gudehus, T. (2005): Logistik. Grundlagen, Strategien, Anwendungen, 3. Aufl., Berlin/Heidelberg.

Gue, K. R. (2006): Very high density storage systems, in: IIE Transactions, 38. Jg., 1/2006, S. 93-104.

Gue, K. R./Kim, B. S. (2007): Puzzle-Based Storage Systems, in: Naval Research Logistics, 54. Jg., 5/2007, S. 556-567.

Haasis, H.-D./Plöger, M. (2007): Flexible Lagertechnik für Just-in-Sequence-Logistik, in: Hebezeuge und Fördermittel. Fachzeitschrift für Technische Logistik, 47. Jg., Heft 7/8, S. 368-370.

Haasis, H.-D./Lausmann, R. (2008): Schlussbericht für das BMBF-Projekt - SUCULOG - Sustainable Net-by-Cube Logistics im Rahmen der BMBF-Fördermaßnahme Innovationen als Schlüssel für Nachhaltigkeit in der Wirtschaft.

Hu, K.-Y./Chang, T.-H./Fu, H.-P./Yeh, H. (2009): Improvement order picking in mobile storage systems with a middle cross aisle, in: International Journal of Production Research, 47. Jg., 4/2009, S. 1089-1104.

Jodin, D./ten Hompel, M. (2006): Sortier- und Verteilsysteme. Grundlagen, Aufbau, Berechnung und Realisierung, Berlin/Heidelberg.

Jünemann, R./Schmidt, T. (1999): Materialflußsysteme. Systemtechnische Grundlagen, 2. Aufl., Berlin et al.

Martin, H. (2006): Transport- und Lagerlogistik. Planung, Struktur, Steuerung und Kosten von Systemen der Intralogistik, 6. Aufl., Wiesbaden.

Plöger, M./Haasis, H.-D. (2008): Vereinnahmungsgerechte Just-in-Sequence-Versorgung in Fertigungsverbünden, in: Zeitschrift für wirtschaftlichen Fabrikbetrieb, 103. Jg., 9/2008, S. 613-616.

Ten Hompel, M./Schmidt, T./Nagel, L. (2007): Materialflusssysteme. Förder- und Lagertechnik, 3. Aufl., Berlin/Heidelberg.

3 Nachhaltige Effekte auf eine Region durch Ansiedelung produktionssynchroner Fertigungsverbünde

Kerstin Lange[1]

3.1 Ansiedlung von Zulieferern in Herstellernähe

Standortentscheidungen von Zulieferern werden nicht immer unter Abwägung aller relevanten Gesichtspunkte getroffen. In der Praxis wird häufig zu sehr auf Kostenaspekte abgestellt, die Reduktion von Personalkosten aufgrund von Einsparungen bei den Lohn- und Lohnnebenkosten ist oft ein dominierendes Motiv für Produktionsverlagerungen ins Ausland.[2] Hierbei werden Risiken und Problemfelder in den Planungen zum Teil unterschätzt, Chancen hingegen zu optimistisch bewertet. Strategische Erwägungen spielen bei der Auswahl neuer Standorte noch immer eine untergeordnete Rolle. Aspekte wie Kompetenz-, Markt-, Netzbildungs- und Kundenorientierung gewinnen nur langsam an Gewicht.[3] Auch Kooperationen in Produktion oder Lagerwesen, unter Nutzung gemeinsamer Technologien, können einen entscheidenden Wettbewerbsfaktor darstellen.

Dieser Beitrag soll im ersten Abschnitt zuerst auf die Identifikation und Systematisierung von Standortfaktoren für Industrieunternehmen eingehen, die Synergieeffekte bei einer gemeinsamen Nutzung von Lagereinrichtungen realisieren können. Anschließend werden die für einen Technologie- oder Zulieferpark als Zulieferstandort relevanten Kriterien zusammengestellt.

Im zweiten Abschnitt werden potenzielle Regionen zur Ansiedlung von Automobilzulieferern nach einem Technologieparkkonzept identifiziert. Für diese sind regionalspezifische Informationen über die im vorherigen Abschnitt ausgewählten Standortfaktoren zusammenzutragen und zu analysieren, um abschließend eine Standortbewertung mittels eines geeigneten Entscheidungsmodells vorzunehmen. Dieser Abschnitt schließt mit der exemplarischen Vorstellung eines Standortes aus der Menge potenzieller Regionen ab. Im dritten Abschnitt wird kurz auf den Know-How-Transfer zwischen den beteiligten Akteuren eingegangen, der eine wichtige Grundlage für die Auswahl potenzieller Standorte und der Entwicklung der Bewertungsanalyse darstellt.

Standortentscheidungen wirken sich nicht nur auf die Wettbewerbsfähigkeit eines Unternehmens, sondern beispielsweise auch auf das Arbeitsplatzangebot in der

---

[1] Dipl.-Wi.-Ing. Dipl.-Ök. Kerstin Lange, Institut für Seeverkehrswirtschaft und Logistik (ISL).
[2] Vgl. Morris/Donnelly/Donnelly (2004), S. 131.
[3] Vgl. Kinkel (2004a), S. 2.

Region aus. Im vierten Abschnitt werden die regionalwirtschaftlichen Aspekte, die von der Ansiedlung kleiner und mittelständischer Automobilzulieferer ausgehen, beschrieben und evaluiert.

3.1.1 Identifikation von Standortfaktoren für einen Zulieferpark

Als Standort wird ein geografischer Ort bezeichnet, an dem ein Unternehmen durch den Einsatz von Produktionsfaktoren Leistungen erstellt. Die Problematik der Standortwahl besteht darin, dass heutzutage aufgrund der Globalisierung weltweit mögliche Standortalternativen für Unternehmen zur Verfügung stehen, welche unterschiedliche Eignungsgrade für das Unternehmen und seine verfolgten Ziele haben. Diese Eignungsgrade, die die Ursache des Standortproblems darstellen, ergeben sich aus der fehlenden natürlichen und ökonomischen Homogenität der Fläche, das heißt, dass nicht in jedem Standort die unternehmerischen Ziele gleichermaßen erreicht werden können.[4]

3.1.1.1 Problemfelder bei der Standortwahl

Nationale und internationale Standortentscheidungen sind auch für kleinere und mittlere Unternehmen von Relevanz. Die Praxis zeigt jedoch, dass nicht alle Unternehmen bei der Auswahl ihrer Standorte der hohen strategischen Bedeutung und möglichen Konsequenzen dieser Entscheidung Rechnung tragen. Dies führte in den Jahren 1999 bis 2001 zu einer steigenden Anzahl von Rückverlagerungen ausgelagerter Produktionsbereiche zurück nach Deutschland,[5] da Wettbewerbsfaktoren wie beispielsweise die Qualität im Standortentscheidungsprozess unzureichend berücksichtigt wurden.[6] Nach diesem zeitweisen Rückgang hat die Produktionsverlagerungsquote den Höchststand von 1999 wieder fast erreicht.[7]

Es können sieben Problemfelder bei der Verlagerung der Produktion erkannt werden,[8] wobei ein Großteil dieser Punkte auch bei der Wahl eines Standortes für den vorgeschlagenen Zulieferpark bzw. der Identifikation von Faktoren für die Standortwahl im Rahmen einer Zuliefereransiedelung zu berücksichtigen sind.

Fehlende Strategieabstimmung: Die Entscheidungskriterien der Standortwahl sind nicht mit der Strategie abgestimmt, die ein Unternehmen mit der Standortentscheidung verfolgt. Strategien einer Verlagerung können aus Sicht von Automobilzulieferern beispielsweise die Kostenreduktion in Niedriglohnländern, die

---

[4] Vgl. Bea (2004), S.311 ff.

[5] Im Jahr 2001 kam in der deutschen Metall- und Elektroindustrie auf jeden dritten produktionsverlagernden Betrieb ein Rückverlagerer; 1997 lag diese Quote bei 6,5 zu 1. Vgl. o. V. (2007).

[6] Vgl. Kinkel/Lay (2000).

[7] Vgl. Kinkel/Lay (2004).

[8] Vgl. o. V. (2007).

Verlagerung der Produktion im Gefolge des Automobilherstellers („Following the Customer“) oder die Erschließung neuer Technologien oder Wissensbestände vor Ort sein.

Vernachlässigung vorhandener Optimierungspotenziale: Bei einem Vergleich des Ist-Zustandes eines vorhandenen Standortes mit einem auf der grünen Wiese optimiert geplanten alternativen Standort werden Möglichkeiten, den aktuellen Standort durch Modernisierungsmaßnahmen zu optimieren, nicht ausreichend beachtet. So kann es für einen Automobilzulieferer gegebenenfalls ökonomisch sinnvoller sein, in einen vorhandenen Standort zu investieren als sich auf eine komplette Neuplanung einzulassen.

Netzwerke und räumliche Nähe: Jeder Automobilhersteller ist in ein System von Netzwerken eingebunden, wie beispielsweise etablierte Kooperationen mit Lieferanten, eine enge Verflechtung zum abnehmenden Automobilhersteller oder eine bekannt gute FuE-Infrastruktur etc. Bei einem internationalen Standortwechsel zeigt sich oft erst im Nachhinein, wie aufwändig der Aufbau von neuen vergleichbar leistungsstarken Kooperationsbeziehungen am neuen Standort sein kann.

Dynamik der Standortfaktoren: Prognosewerte für die einzelnen Sandortfaktoren sind zum Teil mit hohen Unsicherheiten verbunden. Bei der Prognose der Entwicklung von Löhnen für Fachkräfte über längere Zeiträume liegen beispielsweise Schwierigkeiten, da auch diese mit einer zunehmenden Produktionsverlagerung weiterer Unternehmen schneller oder höher als erwartet ansteigen und somit einen prognostizierten finanziellen Vorteil zunichte machen können.

Gewichtung der Standortfaktoren: Die Änderung der Ausprägungen einzelner Faktoren im Zeitablauf hat je nach Stellenwert unterschiedliche Konsequenzen für die Gesamtbewertung einer Standortalternative.

Anlaufzeiten und -kosten: Bei der Inbetriebnahme einer neuen Produktionslinie sind die Kosten und der Zeitbedarf für den Produktionsanlauf einzukalkulieren, um eine Sicherung der verlangten Qualität und Produktivität sicherzustellen. Insbesondere im Ausland zeigt die Erfahrung, dass die Ist-Werte die Planwerte um das 2,5-fache überschreiten.[9]

---

[9] Vgl. o. V. (2007).

Gemeinkosten: Kosten, die für Aufbau, Betreuung, Koordination und Kontrolle des ausländischen Standortes anfallen, werden diesem nicht immer zugewiesen, sondern dem deutschen Standort belastet (z. B. für die Betreuung durch deutsches Managementpersonal). Für das vorgeschlagene Technologieparkkonzept, welches eine unternehmensübergreifende Nutzung von Produktions- oder Lagertechnologien umsetzt, wie es ein Shared Warehouse vorsieht, sind insbesondere die räumliche Nähe sowie die Bildung oder der Ausbau von Netzwerken zwischen Unternehmen von Bedeutung. Hier sollen dadurch gemeinsame Skaleneffekte generiert werden.

3.1.1.2 Systematisierungen von Standortfaktoren

Unter Standortfaktoren werden nationale, regionale oder lokale Standortbedingungen verstanden, die die Standortwahl eines Unternehmens beeinflussen und in ihrer speziellen Ausprägung an einen bestimmten Standort gebunden sind. Jeder Standort kann durch eine Vielzahl von Kriterien beschrieben werden. So genannte Standortfaktorenkataloge enthalten Zusammenstellungen solcher Kriterien, welche für eine Standortwahl relevant sein können. Welche Faktoren jedoch in die Entscheidungsfindung eingehen und mit welcher Gewichtung, hängt von der spezifischen Unternehmenssituation, der verfolgten Wettbewerbsstrategie und den Präferenzen der Entscheidungsträger ab.

Die Möglichkeiten der Systematisierung von Standortfaktoren sind vielfältig. Die erste systematische Behandlung der Standortwahl geht auf Weber zurück, der unter einem Standortfaktor einen seiner Art nach scharf abgegrenzten Vorteil versteht.[10] In einem statischen Modell nimmt er eine rein kostenorientierte Betrachtungsweise (beispielsweise für Transporte, Roh- und Kraftstoffe und Arbeitskräfte) vor. Absatzfaktoren werden nicht betrachtet. Ausgehend von dieser eher makroökonomischen Betrachtung entwickelte Behrens eine „allgemeine Standortbestimmungslehre" mit dem Ziel, eine systematische Analyse möglichst aller relevanten Standortfaktoren, die die betrieblichen Standortentscheidungen beeinflussen, zu ermöglichen.[11] In diesem betriebswirtschaftlichen Ansatz unterteilt er die Kriterien in die betrieblichen Funktionsbereiche Beschaffung, Fertigung und Absatz (siehe Abb. 9). Das Beschaffungspotenzial (Grundstücke, Arbeitskräfte, Anlagegüter, etc.) und die Beschaffungskontakte (Wirtschaftsbehörden, Arbeitsvermittlung, Ausstellungen) sind die Standortfaktoren, die die Beschaffung von Einsatzgütern beeinflussen. Die Absatzseite wird beispielsweise durch das Absatzgebiet und die bestehenden Transportverhältnisse beeinflusst; das Absatzpotenzial ergibt sich aus der mit dem Preis bewerteten Menge der absetzbaren Güter (Kaufkraft, Absatzkonkurrenz, Herkunftsgoodwill, etc.). Im

[10] Vgl. Weber (1909).
[11] Vgl. Behrens (1971).

Rahmen der Fertigung nennt Behrens neben geologischen und klimatischen Verhältnissen auch technische Kooperationen von Betrieben. Dieses Kriterium der Kooperation von Unternehmen wird auch im Bereich des Technologieparks einen hohen Stellenwert einnehmen.

Abb. 7: Standortfaktorensystematik nach Behrens

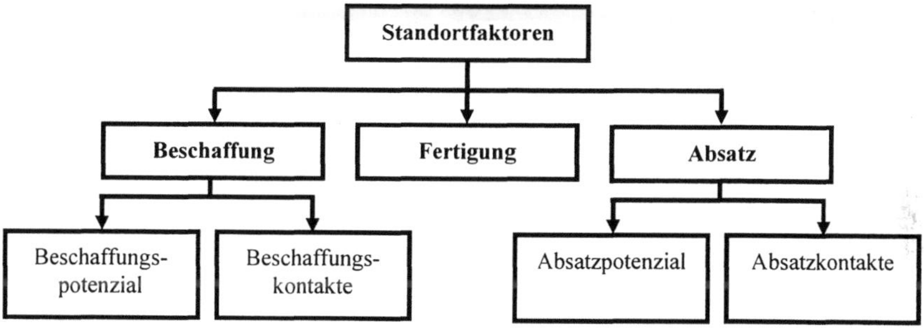

Quelle: Eigene Darstellung in Anlehnung an Behrens (1971).

In dieser Vorgehensweise werden die Kriterien nicht zu einer einzigen Größe aggregiert, da auch nicht quantifizierbare Markt- und Branchenfaktoren des Unternehmensumfeldes mit eingehen. Anstatt der Durchführung einer exakten Berechnung werden Standortentscheidungen als Ergebnis eines qualitativen Vergleichs relevanter Standortfaktoren potenzieller Standorte ausgewiesen, wobei als Klassifizierungskriterium der Standortfaktoren deren Bedeutung für die Zielerfüllung zu Grunde gelegt wird.[12]

Nach der Messbarkeit (und den sich daraus ergebenen Bewertungsmöglichkeiten) der Faktoren kann eine Unterteilung in harte und weiche Standortfaktoren erfolgen.[13] Erstere sind quantifizierbar (z. B. Steuern, Abgaben, Subventionen, Kosten für Personal, Grundstück und Transport) und können in der Regel direkt mit Kosten bewertet werden; zweitere können schlecht quantifiziert werden (z. B. Infrastruktur, Verkehrsanbindung, Kulturangebot, Wohnqualität), sind aber ebenfalls bei der Standortwahl von hoher Relevanz. Vahrenkamp und Mattfeld (2007) fassen diese allgemeinen Standortfaktorenkategorien überblicksartig wie folgt zusammen:[14]

- Politische Stabilität eines Landes
- Wechselkursrisiko
- Erschließung von Marktzugängen
- Zugang zu Innovationsnetzwerken und F&E-Infrastruktur

---

[12] Vgl. Bea (2004), S. 311 ff.

[13] Hansmann bezeichnet diese als quantitative und qualitative Standortfaktoren. Vgl. Hansmann (1974).

[14] Vgl. Vahrenkamp/Mattfeld (2007), S. 141.

- Wettbewerbssituation
- Rohstoffverfügbarkeit
- Binnengröße des Absatzmarktes der Volkswirtschaft
- Arbeitskräfteverfügbarkeit (quantitativ und qualitativ)
- Lohnkostenniveau
- Klimatische und geographische Bedingungen
- Vorhandensein und Zustand einer Verkehrsinfrastruktur
- Verhalten von Gesetzgebern und Verwaltung
- Subventionsangebot
- Lagegünstigkeit bezüglich Betriebs- und Transportkosten sowie Serviceangebot

Aktuellere Systematisierung von Standortfaktoren greifen zusätzliche Faktoren auf. Die verfügbaren Standortfaktorenkataloge vernachlässigen in der Regel wesentliche Aspekte einer nachhaltigen Standortentscheidung, wie beispielsweise die Bewertung vorhandener Netzwerke, in die ein Unternehmen eingebunden ist oder eine mögliche Dynamik der Faktoren im Zeitablauf. Hier setzt die Standortfaktorensystematik in Abb. 8 an, die die betriebsspezifische Performance und den Netzwerkbedarf in die Betrachtung integriert.[15] Neben den traditionellen Produktionsfaktorklassen Produktion und Markt wird diese Systematik um die Bereiche Performance und Netzwerkbedarf erweitert.

Im Gegensatz zu einfachen Produktionsfaktorkatalogen, die einen gegebenen Ist-Zustand der Standortalternativen suggerieren, der nicht vom Unternehmen beeinflussbar ist, definiert Kinkel *Performancefaktoren*, welche für die Generierung strategischer Wettbewerbsvorteile von Bedeutung sind und die durch das Unternehmen selbst beeinflussbar sind. Hierbei ist zu beachten, dass die erfolgskritischen Faktoren von der Unternehmensstrategie abhängig sind. Die Faktoren Produktivität und Herstellkosten sind beispielsweise im Rahmen einer Kostenführerschaftsstrategie von Bedeutung. Wichtiger für viele Zulieferer in der Automobilindustrie ist aber die Differenzierung über eine optimale Prozessgüte (Produktqualität) oder gegebenenfalls auch über den Technologie- und Innovationsgehalt der angebotenen Produkte und Dienstleistungen. Im Rahmen von Mass Customization in Verbindung mit Just-in-Time Strategien können deutsche Zulieferer insbesondere aufgrund kurzer Lieferzeiten einen strategischen Vorteil gegenüber ausländischen Standorten ausbauen. Um eine hohe Liefertreue zu ga-

[15] Vgl. Kinkel (2004a), S. 49 ff.

rantieren, müssen kurze Durchlaufzeiten erreicht werden, um den geringen Vorlaufzeiten und den hohen terminlichen Ansprüchen des Automobilherstellers gerecht zu werden.

Abb. 8: Standortfaktorensystematik

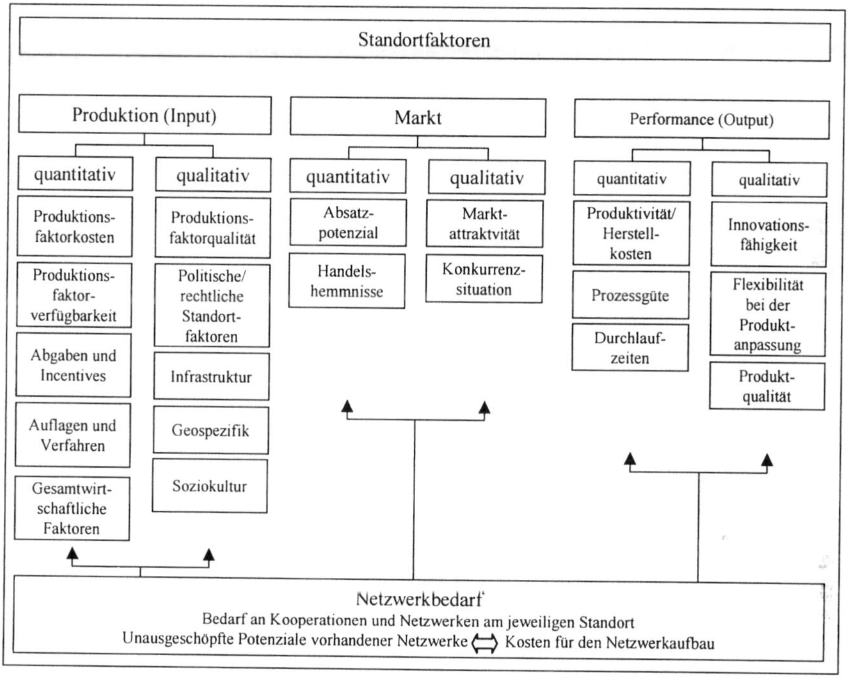

Quelle: Kinkel (2004), S. 53.

Der Bedarf an funktionierenden Netzwerken kann für den spezifischen Standorterfolg eine entscheidende Rolle spielen. Die Notwendigkeit und der Nutzen von Kooperationen werden laut Kinkel bei Standortentscheidungen nicht immer ausreichend beachtet.[16] Er ergänzt die Perspektive des Netzwerkbedarfs in die Systematik, in der die am jeweiligen Standort bereits genutzten lokalen Kooperationen und Netzwerke über alle Unternehmensbereiche (Produktion, Beschaffung, Vertrieb, etc.) sowie die Möglichkeiten zur Ausweitung dieser Netzwerkpotenziale aufgelistet werden. So kann verdeutlicht werden, welche Netzwerke an potenziellen neuen Standorten in welchem Umfang und mit welchem Aufwand aufzubauen wären.

[16] Vgl. Kinkel (2004a), S. 49 ff.

3.1.1.3 Durch regionale Kooperationen verbesserbare Standortfaktoren

Traditionell werden Standortfaktoren als gegeben und unveränderlich angesehen. Oft bleibt unberücksichtigt, dass Unternehmen durch ihr Engagement in regionalen Kooperationen Standortfaktoren maßgeblich positiv verändern können, da sie mit ihren Handlungen selbst den Standort beeinflussen. Ihre Unternehmensentwicklung, ihre Spezialisierung und ihre Unternehmensstrategien haben nachhaltige Wirkungen auf unterschiedliche Standortfaktoren.[17] Abb. 9 zeigt eine Einteilung möglicher – durch Kooperationen beeinflussbarer und nicht beeinflussbarer – Standortfaktoren.

Im Bereich der Produktionsfaktoren lassen sich durch einen gemeinschaftlichen Einkauf mehrerer Unternehmen einer Region im Rahmen von *Einkaufskooperationen* günstigere Preise für Materialien und Vorleistungen erzielen als für jedes einzelne Unternehmen, auch ist aufgrund der gestiegenen Nachfragemacht eine Verkürzung der Lieferzeiten sowie eine steigende Vorleistungsqualität und -verfügbarkeit denkbar.[18]

Durch das Bilden von *Transport- und Logistikkooperationen* kann eine effiziente Bündelung des Einsatzes von Personal, Infrastrukturen, Logistikeinrichtungen (wie beispielsweise Lagerhaltung) und Frachtkapazitäten zu Kosteneinsparungen führen, wenn Personal und Logistikinfrastruktur gleichmäßiger ausgelastet werden.[19] Dieser Standortfaktor kann durch den kooperativen Einsatz innovativer Lagersysteme, wie einem Shared Warehouse, nachhaltig verbessert werden.

Kleine und mittlere Unternehmen verfügen häufig nicht über ausreichende Kapazitäten und finanzielle Ressourcen, um Fachkräfte umfassend auszubilden. Durch *Ausbildungskooperationen* von Unternehmen, die auf dem innerbetrieblichen Austausch (Cross Mentoring) beruhen, können die Kosten der Ausbildung für das jeweilige Unternehmen gesenkt sowie die Attraktivität der Ausbildung und die Bindung des Fachpersonals an den Standort gesteigert werden, wodurch die Fachkräfteverfügbarkeit am Standort auch für kleinere Unternehmen verbessert werden kann.

Im Bereich der marktbezogenen Standortfaktoren können durch unternehmensübergreifende Zusammenarbeit in Kundendienst und Service (Bedienung von Kundenanfragen, 24 Stunden Service) der Bedarf an Fachkapazitäten und Ressourcen gebündelt und Auslastungsschwankungen ausgeglichen werden. Aus *Servicekooperationen* kann ein steigendes Image resultieren, wenn Kundenanfragen zügig und kompetent bearbeitet werden.

---

[17] Vgl. Richter/Buchner (2004), S. 185 ff.

[18] Solche Einkaufskooperationen bestehen im Güterverkehrszentrum Bremen (GVZ Bremen) beispielsweise beim Einkauf von Energie, Telekommunikation oder Verbrauchsgütern.

[19] Im GVZ Bremen werden Lagertechniken, wie beispielsweise Stapler, unternehmensübergreifend und kooperativ genutzt.

Abb. 9: Durch regionale Kooperation verbesserbare Standortfaktoren

STANDORT-FAKTOREN	Durch regionale Kooperationen verbesserbar	Durch regionale Kooperationen nicht oder nur langfristig verbesserbar
PRODUKTIONS-FAKTOREN (INPUT)	- Kosten, Qualität und Verfügbarkeit von Material, Vorleistungen bzw. Lieferanten - Fachkräftequalität und -verfügbarkeit - Transportkosten	- Lohn- und Gehaltsniveau - Infrastruktur - politische Stabilität - Soziokultur, Sprache - etc.
MARKT-FAKTOREN	- Bekanntheitsgrad, Image, Attraktivität für Kunden - Marktmacht, Marktzugang und Zugriff auf Vertriebskanäle	- Marktgröße, -wachstum - Kundenbedürfnisse - Kaufkraft - Handelshemmnisse, Zölle, Local Content - etc.
PERFORMANCE-FAKTOREN (OUTPUT)	- Produktivität/Kapazitätsauslastung - Angebotsflexibilität - Auftragsentwicklungszeiten - Innovationsfähigkeit (Produkt, Prozess, Technologie)	- Technologieniveau - Wirtschaftliches Umfeld - Wechselkurs, Inflation - Steuern, Abgaben, Subventionen - etc.

Quelle: Kinkel (2004b), S. 10f.

Auch ist im Rahmen von *Vertriebskooperationen* die Erschließung neuer Märkte, die die Ressourcen kleinerer Unternehmen überschreiten kann, ein Vorteil unternehmensübergreifender Zusammenarbeit.

Die Performancefaktoren lassen sich durch *Produktionskooperationen* nachhaltig verbessern. Kapitalintensive Investitionen in leistungsfähige Produktionsmittel bergen ein Risiko für kleinere Unternehmen, wenn durch sprunghafte Kapazitätserweiterungen Überkapazitäten und somit eine suboptimale Kapazitätsauslastung entstehen. Durch die Bündelung von Kapazitäten in regionalen Kooperationen können sich Investitionen in leistungsfähige Produktionsmittel eher rentieren, wenn diese so ausgelastet werden können, dass hohe Produktivitäten realisierbar sind.

In innovativen Marktsegmenten werden zunehmend komplexe Lösungen gefordert, die nicht durch kleinere Unternehmen alleine angeboten werden können. Durch *Angebotskooperationen* in Bieter- und Arbeitsgemeinschaften können größere Aufträge bearbeitet, neue Märkte erschlossen, Kunden gewonnen und die Marktposition ausgebaut werden.

Durch *Kooperationen in der Prozesskette* können in Überlastungssituationen Kapazitätsspitzen abgefangen werden, so dass Auftragsabwicklungszeiten unter verbessertem Ressourceneinsatz verkürzt werden können. *Forschungskosten* können durch Entwicklungskooperationen gesenkt werden.[20]

Zusammenfassend zeigt sich somit, dass Standortfaktoren nachhaltig durch Kooperationen und Unternehmensnetzwerke beeinflussbar sind und somit nicht als Fixpunkte gesehen werden dürfen.

3.1.1.4 Kompatibilität zwischen Wettbewerbsstrategie und Standortwahl

Die Nutzung von vorgegebenen Standortfaktorenlisten, die nicht danach differenzieren, für welche Strategien welche Standortfaktoren besonders wichtig sind, kann schnell zu einer Ansammlung einer Vielzahl von Daten führen, von welchen nur ein kleiner Teil wirklich entscheidungsrelevant ist. Laut Kinkel ist eine Beschränkung auf die wirklich zentralen, so genannten „erfolgskritischen Standortfaktoren" unbedingt notwendig. Welches diese Faktoren sind, ist von der verfolgten Strategie eines Unternehmens sowie dem Motiv der Standortwahl abhängig.[21]

Mögliche Wettbewerbsstrategien können in einer Kosten-, Qualitäts-, Technologie- oder Flexibilitätsführerschaft oder in einem hohen Lieferservice (hohe Liefertreue, kurze Lieferzeiten) liegen (vgl. Abb. 10). So sind Direktinvestitionen im Zusammenhang mit Standortverlagerungen ins Ausland eine Ausprägung einer kostenorientierten Beschaffungs- und Fertigungspolitik von multinationalen Unternehmen.[22] Auf Basis einer Matrix kann reflektiert werden, ob die Motive der Standortentscheidung kompatibel zu diesen Strategien sind. Motive der Standortentscheidung können neben der Kostenreduktion und der Erschließung von Absatzmärkten auch dem Folgen von Schlüsselkunden („Following the Customer") oder die Erschließung von Technologien und Know-How sein.

Die Matrix zeigt, dass eine Kostenreduktion als Motiv der Standortentscheidung lediglich bei der Wettbewerbsstrategie der Kostenführerschaft sinnvoll scheint. Werden jedoch andere Unternehmensziele verfolgt, wie beispielsweise eine Qualitätsführerschaft oder ein hoher Lieferservice, wie es in der Automobilindustrie insbesondere bei den Zulieferern im Rahmen von Just-in-Time-Konzepten gefor-

---

[20] Vgl. Richter/Buchner (2004), S. 185 ff.
[21] Vgl. Kinkel (2004a), S. 49 ff.
[22] Vgl. Duwendag (1999), S. 115 ff.

dert wird, sind andere Motive und somit andere Faktoren für die Strandortwahl entscheidungsrelevant.

Abb. 10: Strategische Passfähigkeit von Wettbewerbsstrategie und Standortentscheidung

Wettbewerbs-strategien, Unternehmensziele	Motive der Standortentscheidung			
	Kostenreduktion	Erschließung von Absatzmärkten	Following the Customer	Erschließung von Technologie und Know-How
Kostenführerschaft	●	●	○	○
Qualitätsführerschaft	○	●	●	●
Technologieführerschaft	○	●	●	●
Hohe Liefertreue, kurze Lieferzeiten	○	●	●	○
Flexibilitätsführerschaft	○	●	●	●

Quelle: Kinkel/Lay/Jung-Erceg (2004), S. 25.

Werden eine hohe Liefertreue (aufgrund von Just-in-Time-Konzepten) sowie kurze Lieferzeiten (aufgrund von kundenindividueller Fertigung) von einem Automobilhersteller gefordert, wird das Hauptmotiv der Standortentscheidung in dem begleitenden Folgen des Schlüsselkunden liegen, für den der Zulieferer tätig ist.

Ein wichtiger Standortfaktor wäre hier die räumliche Nähe zum Kunden, wobei hier eingespielte Prozesse und lokale Netzwerke (beispielsweise von den Zulieferern der Zulieferer) im vorhandenen Standort berücksichtigt werden müssen, welche in einem neuen Standort unter großen Kosten- und Zeitaufwand neu aufgebaut werden können.

Weitere Wettbewerbsstrategien in der Automobilzuliefererindustrie liegen in der Technologie- und Flexibilitätsführerschaft, welche mit dem Motiv der Erschließung von Technologie und Know-how kompatibel sind. In diesem Fall wären dann Standortfaktoren wie die Verfügbarkeit vorhandener Technologien, qualifizierter Arbeitskräfte oder die Nähe von Forschungsinstitutionen von Bedeutung.

3.1.1.5 Verlagerung und Rückverlagerung

In ihrer Studie über Produktionsverlagerungen im Bereich der Metall- und Elektroindustrie teilen Kinkel und Lay die Motive für eine Standortwahl in ähnliche Kategorien wie in Abb. 11 ein.[23] Diese Motive spielen sowohl bei der Entscheidung der Standortverlagerung als auch bei der Entscheidung der Rückverlagerung

[23] Vgl. Kinkel/Lay (2004), S. 7ff. sowie ausführlich Kinkel/Lay/Maloca (2004).

von Unternehmen oder Teilbereichen eine Rolle, allerdings in unterschiedlicher Relevanz. Eine Zuordnung von den (Rück-) Verlagerungsmotiven wird hier jedoch nicht vorgenommen.

Abb. 11: Verlagerungs- und Rückverlagerungsmotive in der Metall- und Elektroindustrie

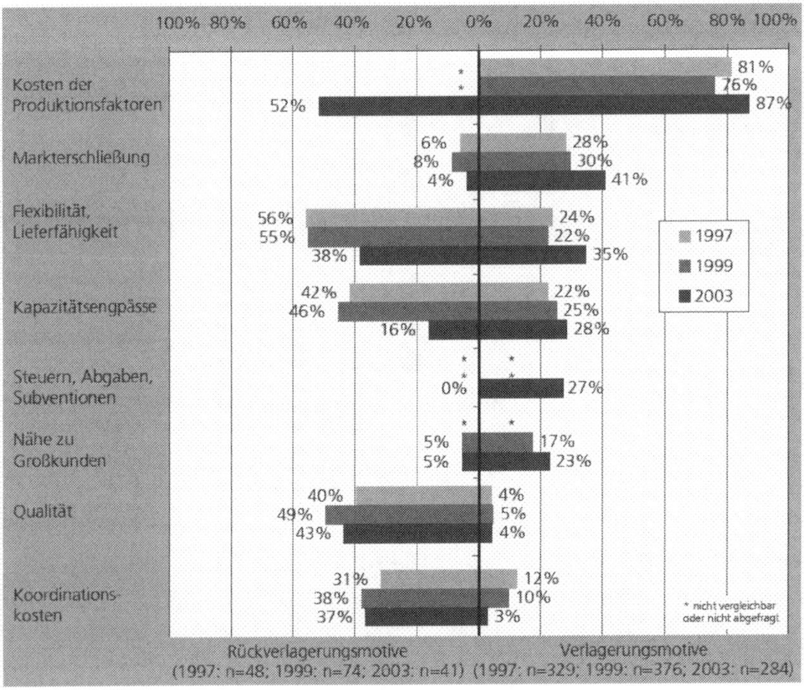

Quelle: Kinkel, S./Lay, G. (2004), S. 8.

Es ist klar ersichtlich, dass die Kostenreduktion der Hauptgrund für eine Verlagerung ins Ausland ist, insbesondere bei der Fertigung von Teilen mit einer beschäftigungsintensiven Produktion (z. B. mit vielen Schritten, die eine händische Montage zwingend erfordern).[24] Interessant ist jedoch auch, dass die verfolgte Strategie der Kostenführerschaft zu Rückverlagerungen führte, da steigende Kosten im Ausland unterschätzt oder falsch eingeschätzt wurden.

Weitere Gründe für eine Rückverlagerung sind insbesondere die Flexibilität und Lieferfähigkeit, die Qualität sowie der Koordinations- und Kommunikationsaufwand. Gerade diese Aspekte sind auch im Rahmen der Automobilindustrie von Relevanz und müssen bei einer engen Vernetzung der Unternehmen gewährleistet sein. Durch die Realisierung eines Technologieparks, der eine kooperative Nut-

[24] Vgl. Spatz/Nunnenkamp (2002), S. 69.

zung von Ressourcen ermöglicht, könnten gerade diese wichtigen Faktoren positiv beeinflusst werden und Unternehmen somit ein attraktiver Standort geboten werden.

Demgegenüber sparen Just-in-Sequence-Lieferverbünde durch verringerte Bestands- und Kapitalbindungsaufwendungen sowie Prozessoptimierungen erhebliche Kosten ein. Hier rückt das Motiv von Lohnkosteneinsparungen in den Hintergrund und somit auch das Hauptargument für Standortverlagerungen ins Ausland. Vielmehr bedingt die Zusage der Fertigung und Anlieferung von Komponenten innerhalb von wenigen Stunden zwingend, dass sich die Fertigungsstätten von Zulieferern innerhalb von wenigen Kilometern Entfernung zum Abnehmer-Werk befindet, so dass Arbeitsplätze in der Region gebunden bleiben und eine Abwanderung ins Ausland nicht möglich ist.

Weiterhin werden die Merkmale von verlagernden und nicht verlagernden Unternehmen verglichen. Es zeigt sich, dass die Wahrscheinlichkeit von Produktionsverlagerungen ins Ausland umso größer ist, je größer der Betrieb ist, je größer die hergestellten Serien sind und je kleiner das Verhältnis von Kapital- zu Arbeitskosten ist.

Im Ausland werden eher Produkte mittlerer Produktkomplexität hergestellt. Regionale Kooperationen bei der inländischen Betriebsstätte werden von verlagernden Unternehmen eher weniger genutzt. Es liegt eine geringe FuE-Quote vor. Die Merkmale von Unternehmen, bei denen eine höhere Wahrscheinlichkeit für Produktionsverlagerungen ins Ausland besteht, sind in Abb. 12 zusammengefasst.

Abb. 12: Eigenschaften von Unternehmen mit höherer Verlagerungsaffinität

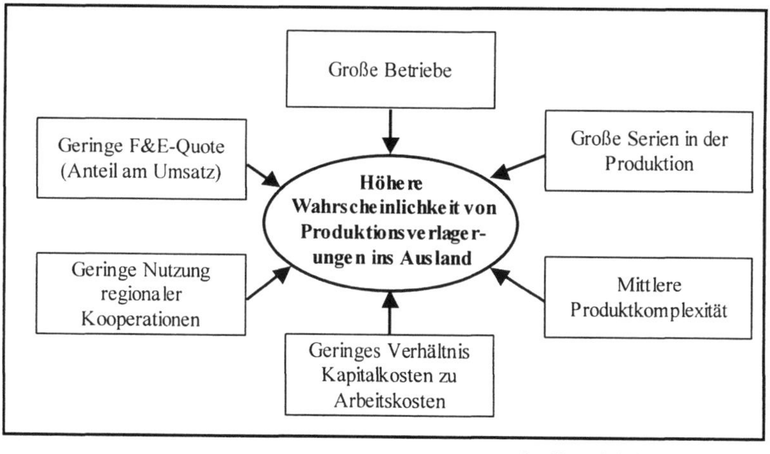

Quelle: Kinkel/Lay (2004), S. 11.

Diese Merkmale treffen eher nicht auf die Eigenschaften von Automobilzulieferern zu: hier handelt es sich eher um kleine oder mittlere Unternehmen. Aufgrund der hohen Variantenvielfalt liegt eine hohe Produktkomplexität vor. Die Serien sind sehr klein, gegebenenfalls kann eine Losgröße von eins vorliegen.

Die Nutzung von regionalen Kooperationen und Netzwerken ist ein zentraler Aspekt der Automobilindustrie und deren mehrfachen Stufen von Zulieferern. Bei einer Just-in-Time-Produktion in Verbindung mit Mass Custumization ist die räumliche Nähe ein wichtiger strategischer Erfolgsfaktor.

Forschung und Entwicklung sind in der Automobilindustrie von hoher Relevanz. Das Verhältnis von Kapitalkosten zu Arbeitskosten ist eher hoch. Für arbeitsintensivere Produktionsprozesse werden in der Regel Mitarbeiter mit hoher Qualifikation eingesetzt.

Das Ergebnis der Abb. 11 kann für Unternehmen mit einer geringeren Wahrscheinlichkeit von Produktionsverlagerungen ins Ausland abgewandelt werden (vgl. Abb. 12).

Diese Eigenschaften treffen auf einen Großteil der Unternehmen der Automobilzuliefererindustrie, deren Stärke im Mass Custumization sowie in Just-in-Time-Lieferstrategien liegt, zu.

3.1.1.6 Standortfaktoren für einen Zulieferpark

Nach einer Darstellung möglicher Systematisierungsansätze von Standortfaktoren sowie der Feststellung, dass diese durch regionale Kooperationen und durch Unternehmen selbst zum Teil beeinflussbar sind, werden nun aus der Vielzahl der beschriebenen Standortfaktoren diejenigen, die für einen Zulieferpark mit Verbundlager von Relevanz sind, zusammengefasst.

Es wird davon ausgegangen, dass produzierende Unternehmen im Bereich der Automobilindustrie, die ihren Kunden durch Mass Customization- und Just-in-Time-Konzepte einen Wettbewerbsvorteil bieten wollen, die Unternehmensstrategien der Qualitäts-, Technologie- und Flexibilitätsführerschaft sowie der Einhaltung einer hohen Liefertreue bzw. kurzen Lieferzeiten verfolgen. Wesentliche Motive der Standortentscheidung liegen somit in dem Folgen des Schlüsselkunden sowie in der Erschließung von Technologie und Know-How, wohingegen die Motive der Kostenführerschaft und der Erschließung von weiteren Absatzmärkten nicht im Fokus der Betrachtung stehen. Wichtiger für Produktionsunternehmen ist in der Regel die Differenzierung über eine optimale Prozessgüte (Produktqualität) oder auch über den Technologie- und Innovationsgehalt der angebotenen Produkte und Dienstleistungen.

In der Standortfaktorensystematik für den Technologiepark werden die Standortfaktoren in die drei Kategorien *Beschaffung und Produktion*, *Markt und Absatz* sowie *staatliche Rahmenbedingungen* eingeteilt (vgl. Abb. 13). In jeder Kategorie wird eine weitere Untergliederung in fixe Faktoren und in Netzwerk- und Kooperationsfaktoren vorgenommen. Zuerst sind die fixen Kriterien für die Bewertung eines Standortes aufgeführt, im unteren Bereich erscheinen solche Faktoren, die durch das Unternehmen selbst sowie durch andere Unternehmen durch Netzwerkbildung oder Kooperationen beeinflussbar sind oder im Rahmen von Netzwerken von Relevanz sind und somit bei der Standortbewertung nicht als Fixum betrachtet werden können.

3.1.1.7 Beschaffung und Produktion

Die Standortfaktoren der Kategorie Beschaffung und Produktion können in fixe und netzwerkspezifische Kriterien unterteilt werden. Zu der ersten Gruppe gehören die Faktoren, wie sie in Abbildung 13 veranschaulicht sind.

Grundstücke

Bei der Grundstückswahl kann zunächst großräumig eine Einschränkung vorgenommen werden, dies kann auf internationaler, nationaler oder regionaler Ebene geschehen. Bei der Wahl konkreter Flächen ist zwischen Büro-, Gewerbe- oder Industriestandorten zu unterscheiden. So gibt es Standorte, die speziell Unternehmen einer ganz bestimmten Branche anzusiedeln versuchen.

Üblich ist eine Einteilung der Flächen nach Nutzungsart in Gewerbegebiete (GE), Industriegebiete (GI) und Sondergebiete (SO). Neben der verfügbaren Fläche sind auch externe Belastungen durch andere Unternehmen (Lärm, Geruch, Staub) zu beachten. Bei einer Planung auf der grünen Wiese ist die Beschaffenheit der Flächen (Maße, Topografie, Grundwasser, Bodenbeschaffenheit) von Bedeutung, beim Kauf der Anschaffungspreis bzw. bei langfristigen Mietverträgen die Mietpreise und deren Entwicklung.

Abb. 13: Standortfaktorensystematik für den Technologiepark

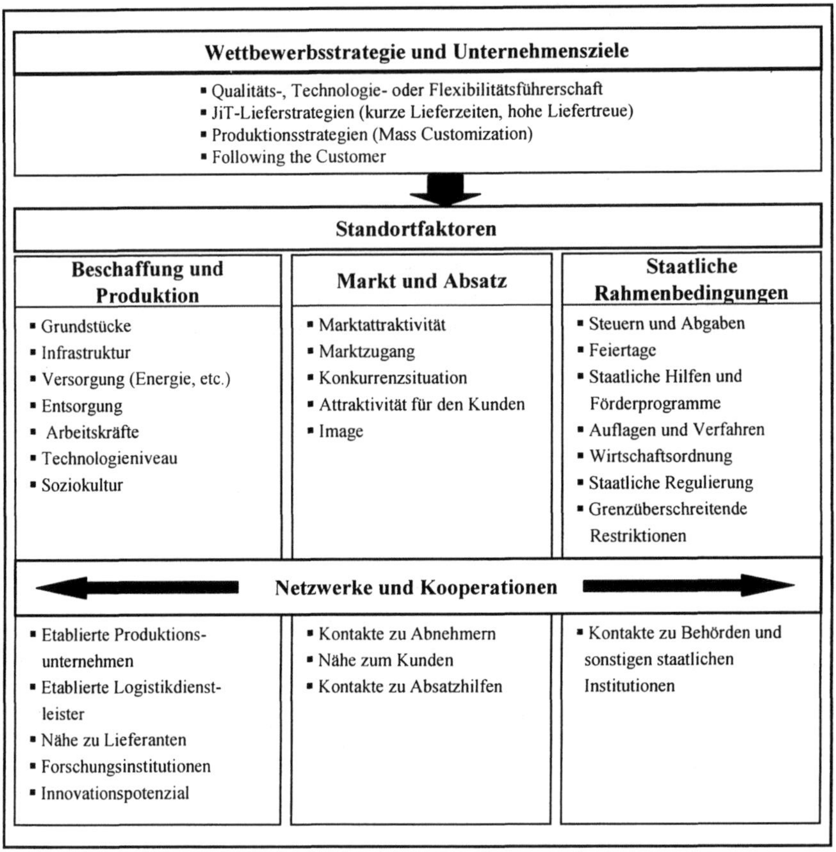

Quelle: Eigene Darstellung

Infrastruktur

Für das Technologieparkkonzept im Rahmen der Automobilindustrie oder anderen produktionsintensiven Branchen sind Industriestandorte mit entsprechender Infrastruktur zu wählen. Entlang überregionaler Achsen muss eine gute Verkehrsinfrastruktur gegeben sein, da diese eine herausragende Bedeutung für die nachhaltige Entwicklung des Unternehmens sowie der Region haben. Durch einen eigenen Autobahnanschluss kann ein direkter Weg in überregionale Verkehrsnetze genutzt werden. Je nach Position eines Unternehmens in der Supply Chain sowie Produktpalette können auch multimodale und massenleistungsfähige Verkehrsanbindungen und Umschlagknoten im Bereich der Schiene, der Binnenwasserstraßen oder der Seeschifffahrt eine Rolle spielen. Kontinuierliche und zuverlässige

Transportverbindungen mit geringer Staudichte stellen die Grundlage für einen wirtschaftlichen Produktionsbetrieb dar.

Versorgung

Die Verfügbarkeit von Strom, Gas, Wasser etc. muss vorhanden sein.

Entsorgung

Die Entsorgung von Abfällen muss gewährleistet sein. Das erfordert nicht nur eine entsprechende Infrastruktur. Hier ist bei Industriebetrieben auch der rechtliche Rahmen unter dem Gesichtspunkt der Entsorgung von Gefahrstoffen und Sondermüll zu beachten.

Arbeitskräfte

Neben der Fachkräftequalität und -verfügbarkeit spielt das Lohn- und Gehaltsniveau eine Rolle. (Langfristig ist auch dieser Faktor durch das Unternehmen durch eigene Ausbildung von Arbeitskräften oder den Arbeitskräftetausch in Unternehmensnetzwerken beeinflussbar.)

Technologieniveau

Neben dem Produktionsfaktor Arbeit ist der Produktionsfaktor Kapital für die Herstellung von Gütern relevant. Potenzielle Standorte (insbesondere auf internationaler Betrachtungsebene) unterscheiden sich in dem vorhandenen Technologieniveau.

Soziokultur

Faktoren wie die Lebensqualität oder die Sprache des Landes können ausschlaggebend sein. An dieser Stelle können viele Bereiche, wie die Existenz von Schulen, Kindergärten und Freizeitmöglichkeiten, aber auch die Kriminalität des Gebietes mit einfließen.

Weitere netzwerkspezifische Faktoren sind:

Etablierte Produktionsunternehmen

Die Produktivität bzw. Kapazitätsauslastung kann durch Produktionskooperationen positiv beeinflusst werden, wenn Produktionsüberhänge im Netzwerk aufgefangen werden. Auf diese Weise kann eine höhere Produktionsfaktorverfügbarkeit und höhere Produktivität gewährleistet und ebenso können gegebenenfalls die Herstellkosten gesenkt werden. Im Rahmen von Produktionskooperationen können auch unterschiedliche Produktionsstrategien, wie beispielsweise Mass Customization realisiert werden.

Etablierte Logistikdienstleister

Transporte von den Zulieferern einerseits und zu den Kunden andererseits werden in der Praxis zum Teil an Logistikdienstleister fremdvergeben. Die Existenz dieser Dienstleister vor Ort kann die Kommunikation erleichtern und die Transaktionskosten durch Bündelungseffekte reduzieren.

Räumliche Entfernung zu Lieferanten

Die räumliche Nähe weiterer kooperationsbereiter Industrieunternehmen sowie die Verfügbarkeit von Lieferanten und deren Vorleistungen können zur Realisierung einer Just-in-Time-Logistik maßgeblich beitragen. In Abhängigkeit von der räumlichen Nähe sowohl zu den Zulieferern als auch zu dem oder den Kunden können unterschiedliche Strategien realisiert werden. Insbesondere in der Automobilindustrie, aber auch in anderen Bereichen des Maschinenbaus, ist die Sicherstellung der Warenströme in Just-in-Time Konzepte ein Schlüsselkriterium.[25]

Forschungsinstitutionen

Für Unternehmen kann die räumliche Nähe von Forschungs- und Entwicklungsinstituten oder Universitäten mit ihrem Angebot an konzentriertem Fachwissen ein wichtiger Standortfaktor sein. Durch Kooperationen kann sich eine Innovationskultur entwickeln, in der Wirtschaft und Wissenschaft sich ergänzen können.

Innovationspotenzial

Die Innovationsfähigkeit kann sich auf die Bereiche Produkt, Prozess oder Technologie beziehen. Ein starkes Innovationspotenzial kann insbesondere durch Entwicklungs- oder Produktionskooperationen zu einer hohen Angebotsflexibilität, kürzeren Auftragsentwicklungszeiten sowie einer höheren Flexibilität bei Produktänderungen führen.

---

[25] Vgl. Renschler (1995), S. 37 ff.

3.1.1.8 Beschaffung und Produktion Markt und Absatz

Die Standortentscheidung wird von der Absatzseite insbesondere dann stark beeinflusst, wenn das Gebiet aufgrund von Transportbeschränkungen von Gütern oder zeitlichen und räumlichen Anforderungen von A-Kunden eingeschränkt wird. Auch in der Kategorie Markt und Absatz wird zwischen feststehenden und netzwerkbedingten Standortfaktoren unterschieden.

Marktattraktivität

Die Marktattraktivität hängt von der Marktgröße und seinem Wachstum ab; das Absatzpotenzial ergibt sich aus der Abnehmerstruktur bzw. der Kaufkraft in der Region oder dem entsprechenden Absatzgebiet. Bei Zulieferern kann hier ein einzelner Hauptkunde entscheidungsrelevant sein.

Marktzugang

Die Marktzugangsbedingungen ergeben sich aus der Marktmacht des Unternehmen sowie der Konkurrenzsituation im betrachteten Gebiet. So können Unternehmen zueinander in Konkurrenz stehen, aber auch ganze Industrieparks können bei der Werbung um die Ansiedlung neuer Unternehmen oder Branchen, die vor der Entscheidung einer Standortwahl stehen, konkurrieren.

Konkurrenzsituation

Das Konkurrenzpotenzial (Quantität und Qualität) sind ebenfalls Aspekte, die es zu beachten gilt.

Attraktivität für den Kunden

Bei der Standortwahl sind mögliche Kundenbedürfnisse zu beachten, die dazu führen können, dass bestimmte Standorte anderen vorgezogen werden müssen oder attraktiv erscheinende Standorte auszuschließen sind.

Image

Ein Standort hat häufig aufgrund der Qualität der dort erzeugten Produkte ein hohes Image. Diese Einstellung von Kunden gegenüber dem Produktionsort wird auch als Herkunftsgoodwill bezeichnet.

Im Rahmen von Netzwerken und Kooperationen sind weiterhin folgende Faktoren im Bereich Markt und Absatz von Bedeutung:

Kontakte zu bestehenden und potenziellen Kunden

Unternehmen, die die Standorte ihrer Kunden bei ihrer Standortwahl berücksichtigen, sind näher an den Kundenwünschen. Oft ist es üblich, dass großen Unternehmen die Zulieferer folgen.

Räumliche Nähe zum Kunden

Die räumliche Nähe zum Kunden kann Voraussetzung einer Just-in-Time-Lieferstrategie sein. In der Automobilindustrie, aber auch in anderen Bereichen des Maschinenbaus, werden Just in Time Konzepte zunehmend gefordert. Neben kurzen Lieferzeiten ist eine hohe Termintreue aufgrund abnehmender Vorlaufzeiten unabdingbar, um kostenintensive Produktionsunterbrechungen zu vermeiden.

Zugang zu Absatzhilfen

Inwieweit das vorhandene Absatzpotenzial realisiert werden kann, hängt von bestehenden oder potenziellen Absatzkontakten ab. Dies können u. a. Makler, Messen, Ausstellungen oder Werbeagenturen sein.

3.1.1.9 Staatliche Rahmenbedingungen

Bei einer nationalen Ortswahl in Deutschland sind beispielsweise unterschiedliche gemeindeabhängige Hebesätze bei der Gewerbesteuer zu berücksichtigen. Bei internationalen Standortentscheidungen sind insbesondere die gewinnabhängigen Steuern von Relevanz.

Feiertage

Nicht nur im internationalen Vergleich, sondern auch im nationalen Vergleich, variiert die Anzahl der festgelegten und arbeitsfreien Tage.

Staatliche Hilfen und Förderprogramme

In einigen, meist strukturschwachen Regionen existieren Förderungsprogramme in Form von Investitionshilfen, Existenzgründungshilfen oder anderer Subventionen wie beispielsweise die Förderung von Forschungs- und Entwicklungsvorhaben.

Auflagen und Verfahren

Auflagen zur Reduktion von Umweltbelastungen wie durch Emissionen oder Bodenversiegelung können gegebenenfalls ein Ausschluss-Kriterium für die Wahl eines Standortes darstellen und stellen somit ein wichtiges zu beachtendes Kriterium dar.

Kontakte zu staatlichen Institutionen

Bestehende Kontakte zu Behörden oder sonstigen staatlichen Institutionen, die ebenfalls unter den Aspekt des Netzwerk- und Kooperationsgedankens fallen, sind ebenfalls ein zu beachtender Standortfaktor.

Im internationalen Standortvergleich sind zwei weitere Punkte wichtig, auf die nur kurz eingegangen wird, da sie bei der Wahl des Standortes für den Technologiepark keine zentrale Rolle spielen:

Wirtschaftsordnung und staatliche Regulierung

Im Rahmen internationaler Standortbetrachtungen sind die politischen Rahmenbedingungen von Relevanz. Neben der politischen Stabilität eines Landes ist auch der Umfang der staatlichen Regulierung von Bedeutung. Die Rechtsprechung, insbesondere Gesetze zu Gewährleistung und Haftung, können sich international unterscheiden. So gibt es beispielsweise Unternehmen, die zwar ein Marktpotenzial in den USA haben, aufgrund der strengen Produkthaftungsgesetze jedoch vor einem dortigen Standort abschrecken.

Grenzüberschreitende Restriktionen

Im internationalen Standortvergleich sind weiterhin grenzüberschreitende Regelungen wie Zölle oder Außenhandelsgesetze zu analysieren. Auch die Stabilität von Wechselkursen bzw. die Inflation in einigen Ländern sind in die Betrachtung zu integrieren.

Zusammenfassend zeigt sich bei dieser Standortfaktorensystematik, dass zwischen gegebenen Faktoren und solchen, die das Handeln des Unternehmens und seine Interaktion mit anderen Unternehmen berücksichtigen, differenziert wird. Zentraler Gedanke ist somit das Netzwerk und die Verflechtungen zwischen Unternehmen. Einen Baustein stellt hier die gemeinsame Nutzung von Verbundlagern dar. Dem zunehmenden Bedarf an Kooperationen und Netzwerken in der Automobilindustrie soll hiermit Rechnung getragen werden. Bei der Standortwahl sind unausgeschöpfte Potenziale vorhandener Netzwerke sowie der Aufwand für den Aufbau eines neuen Netzwerkes zu berücksichtigen.

3.1.2 Standortbewertung und Standortwahl eines Zulieferparks

3.1.2.1 Bewertungsmethodik

Für die Bewertung alternativer Standorte für Zulieferparkansiedelungen, wird auf das Bewertungstool der Nutzwertanalyse zurückgegriffen, welches in der Praxis vor allem wegen seiner leichten Handhabung und seines plausiblen Aufbaus weit verbreitet ist.

Die Nutzwertanalyse ist ein einfaches Punktbewertungsverfahren, mit dem verschiedene Handlungsalternativen entsprechend der Präferenzen der Entscheidungsträger bezüglich eines multidimensionalen Zielsystems geordnet werden können.[26] Es geht darum, die qualitative Bewertung von sich ausschließenden Alternativen in eine einheitliche quantitative Nutzenskala zu transformieren.[27]

Der Bewertungsvorgang erfolgte im Rahmen des Projektes in folgenden Schritten:[28]

1. Kriterienliste

   In Anlehnung an die im Kapitel 3.1.1.2 aufgeführte Standortfaktorensystematik wurde eine Liste mit Kriterien erstellt, anhand derer die alternativen Standorte bewertet werden sollen. Diese Kriterien wurden in Projektsitzungen und Gesprächen mit industriellen Vertretern erörtert und festgelegt und zum Teil in weitere Subkriterien unterteilt.

   Offensichtliche Kriterien, wie die Versorgung und Entsorgung (Energie, Wasser, Abfälle), von denen in einem Industriepark auszugehen ist, wurden aus der Systematik gestrichen.

   Ebenso wurden Faktoren, die als Ausschluss-Kriterien anzusehen sind, wie beispielsweise die Existenz ausreichender Grundstücksflächen, aus der Liste gestrichen, da eine Bewertung eines Standortes, der diesen Kriterien nicht genügt, ohnehin hinfällig ist.

   Weiterhin erfolgte eine Ergänzung oder Umsortierung von Kriterien in andere Kategorien. Kriterien, die sich als redundant herausstellten, wurden entfernt.

2. Grobe Einschätzung der Kriterien

   Eine erste Diskussion ergab u. a. folgende Erkenntnisse:

   Die Verfügbarkeit von Arbeitskräften sowie die räumliche Nähe von Produktionsunternehmen können aus Praxissicht von großer Relevanz sein.

---

[26] Vgl. Arnold/Furmans (2006).
[27] Vgl. Günther/Tempelmeier (2005).
[28] Vgl. hierzu auch Frey (1975).

Im Gewerbepark Hansalinie ist die räumliche Nähe von Automobilzulieferern zum Endmontagewerk ein wichtiges Kriterium, auch bei anderen deutschen Automobilherstellern ist die Realisierung erforderlicher Beschaffungsstrategien wie Just-in-Time eine conditio sine qua non.

Potenzielle Vorteile durch Produktionskooperationen werden als wichtig eingeschätzt; im GVZ Bremen handeln ansässige Unternehmen bei Kapazitätsengpässen kooperativ. So werden beispielsweise Lagerkapazitäten, Stapler und weiteres Equipment in Absprache von mehreren Unternehmen genutzt.

Auch das Image des Standortes sowie das Vorhandensein innovativer Unternehmen und potenzieller Entwicklungskooperationen spielt aus Praxissicht eine wichtige Rolle.

3. Gewichtung der Bewertungskriterien

Die Standortfaktoren wurden auf allen drei Ebenen entsprechend ihrer Relevanz gemeinsam in einer Projektsitzung nach folgendem Schema gewichtet:

a) Zuerst erfolgte eine Gewichtung der drei Kategorien *Beschaffung und Produktion* (differenziert nach festen und Netzwerkfaktoren), *Markt und Absatz* und *Staatliche Rahmenbedingungen* untereinander. Die Summe dieser Gewichte hat 100% zu ergeben. Diese Werte sind in dem nachfolgenden Schema fettgedruckt und grau hinterlegt hervorgehoben.

b) Im zweiten Schritt wurde die Relevanz der Standortfaktoren (fett gedruckt) untereinander evaluiert. So ergibt sich beispielsweise in der ersten Gruppe eine Gewichtung von Grundstück (15%), Infrastruktur (70%) und Arbeitskräfte (15%). Auch hier hat die Summe der Gewichte 100% zu ergeben. Diese Werte sind in dem nachfolgenden Schema fettgedruckt.

c) Anschließend wurden, soweit vorhanden, die Unterkriterien der Standortfaktoren nach dem gleichen Schema gewichtet. Dieser Prozentangaben finden sich in der Spalte *Unterkriterium* wieder.

Bei der Vergabe der Gewichte ist darauf hinzuweisen, dass es sich hier bei der Nutzwertanalyse immer um subjektive Einschätzungen handelt. Dennoch ermöglicht diese Darstellung eine strukturierte Ergebnisfindung. Das Tool ist so aufgebaut, dass die Gewichte bei einem konkreten Anwendungsfall beliebig den Präferenzen eines Unternehmens entsprechend angepasst werden können.

4. Analyse der Standortfaktoren

   Nach der Gewichtung der Kriterien untereinander erfolgt die Analyse der Ausprägungen der einzelnen Standortfaktoren für die ausgewählten potenziellen Standorte.

5. Vergabe von Bewertungspunkten

   Nach der Festlegung auf potenzielle Regionen ist jeder Standort durch die Vergabe von Bewertungspunkten für jedes Kriterium zu bewerten (vgl. Abb. 14).

   Diese Bewertung erfolgt mittels einer normierten Skala, und zwar von 0 (trifft überhaupt nicht zu, Kriterium nicht erfüllt) bis 5 (trifft ganz zu, Kriterium voll erfüllt).

   Beispielhaft sind in Abb. 14 die fiktiven Standorte A und C bewertet. Standort A erfüllt alle Kriterien voll und ganz, so dass alle Kriterien den Wert 5 erhalten; Standort C erfüllt alle Kriterien fast gar nicht, und bekommt bei allen Punkten den Wert 1 zugeordnet.

6. Ermittlung der gewichteten Punktwerte

   Für jeden Standort werden die gewichteten Punktwerte ermittelt, indem die Bewertungspunkte mit den Faktorgewichten multipliziert und für die Normierung durch fünf dividiert werden.

7. Ergebnisermittlung

   Die gewichteten Punktwerte werden je Standort aufsummiert.
   In dem Beispiel in Abb. 14 hat Standort A den Maximalwert von 100 erreicht, für Standort C ergibt sich der Wert 20.
   Der Standort mit der höchsten Gesamtpunktzahl ist nach diesem Vorgehen als beste Alternative auszuwählen.

8. Ergebnisüberprüfung

   Das Ergebnis ist jedoch kritisch zu beurteilen, da in diesem Verfahren eine vollständige Substituierbarkeit einer bestimmten Kriterienerfüllung durch eine beliebige andere unterstellt wird. Die Schlechterbewertung eines Kriteriums kann durch die Besserbewertung eines anderen Kriteriums vollständig aufgewogen werden.[29]

[29] Vgl. Günther/Tempelmeier (2005).

Abb. 14: Bewertungstool für die Standortwahl

	Standortfaktoren	Faktorgewichte: Kategorie	Faktorgewichte: Ortsfaktor	Faktorgewichte: Kriterium	Punktbewertung der Standorte: A	Punktbewertung der Standorte: B	Punktbewertung der Standorte: C	Gewichtete Punktwerte: A	Gewichtete Punktwerte: B	Gewichtete Punktwerte: C
Beschaffung und Produktion										
feste Faktoren	***feste Faktoren***	40%								
	Grundstück		15%							
	Art des Standortes (Büro-, Gewerbe-, Industrie-)			50%	5		1	3,0	0,0	0,6
	Bodenbeschaffenheit			30%	5		1	1,8	0,0	0,4
	externe Belastungen (Lärm, Geruch, Staub)			20%	5		1	1,2	0,0	0,2
	Infrastruktur		70%							
	Straßen-/Autobahnanbindung			65%	5		1	18,2	0,0	3,6
	Staudichte			5%	5		1	1,4	0,0	0,3
	Schienenanbindung			20%	5		1	5,6	0,0	1,1
	Binnenwasserstraßenanbindung			3%	5		1	0,9	0,0	0,2
	Seehafenanbindung			3%	5		1	0,9	0,0	0,2
	Flughafenanbindung			3%	5		1	0,9	0,0	0,2
	Arbeitskräfte		15%							
	Verfügbarkeit			33%	5		1	2,0	0,0	0,4
	Qualität			33%	5		1	2,0	0,0	0,4
	Lohn- und Gehaltsniveau			33%	5		1	2,0	0,0	0,4
Netzwerk- und Kooperationsfaktoren	***Netzwerk- und Kooperationsfaktoren***	40%								
	Etablierte Produktionsunternehmen		25%							
	Räumliche Nähe			60%	5		1	6,0	0,0	1,2
	Potenzielle Vorteile durch Produktionskooperationen (Produktionsfaktorverfügbarkeit, Produktivität)			40%	5		1	4,0	0,0	0,8
	Etablierte Logistikdienstleister		25%		5		1	10,0	0,0	2,0
	Entfernung zu Zulieferern		25%							
	Verfügbarkeit von Lieferanten und Vorleistungen			60%	5		1	6,0	0,0	1,2
	Realisierung erforderlicher Beschaffungsstrategien (JiT) gewährleistet?			40%	5		1	4,0	0,0	0,8
	Forschungsinstitutionen in räumlicher Nähe?		15%		5		1	6,0	0,0	1,2
	Innovationspotenzial		10%		5		1	4,0	0,0	0,8
Markt und Absatz		10%								
	Marktattraktivität		35%							
	Marktgöße			33%	5		1	1,2	0,0	0,2
	Marktwachstum			33%	5		1	1,2	0,0	0,2
	Kaufkraft			33%	5		1	1,2	0,0	0,2
	Marktzugang		10%		5		1	1,0	0,0	0,2
	Entfernung zu Abnehmern		35%							
	Verfügbarkeit von Abnehmern			60%	5		1	2,1	0,0	0,4
	Realisierung erforderlicher Lieferstrategien (JiT, MC) gewährleistet?			40%	5		1	1,4	0,0	0,3
	Image des Standortes		5%		5		1	0,5	0,0	0,1
N & K	**Kontakte zu Abnehmern**		5%		5		1	0,5	0,0	0,1
	Räumliche Nähe zum Endkunden		5%		5		1	0,5	0,0	0,1
	Kontakte zu Absatzhilfen		5%		5		1	0,5	0,0	0,1
Staatliche Rahmenbedingungen		10%								
	Beschränkungen d. Betriebszeit (Nacht-/WE-Verbot)		20%	20	5		1	2,0	0,0	0,4
	Staatliche Hilfen und Förderprogramme		30%	30	5		1	3,0	0,0	0,6
	Auflagen und Verfahren		20%	20	5		1	2,0	0,0	0,4
NK	**Interessenvertretung**		25%	25	5		1	2,5	0,0	0,5
	Kontakte zu staatlichen Institutionen		5%	5	5		1	0,5	0,0	0,1
	Nutzwerte der Standortalternativen							**100,0**	**0,0**	**20,0**

Quelle: Eigene Darstellung

So sind im Anschluss der Ergebnisermittlung die besten Alternativen auf ihre Plausibilität und ihre Einhaltung von besonders wichtigen Kriterien zu überprüfen.[30]

9. Sensitivitätsanalyse

   Mit einer Sensitivitätsanalyse kann im Anschluss noch geprüft werden, welche Auswirkungen Veränderungen der (subjektiv festgelegten) Gewichte auf das Endergebnis haben.

3.1.2.2 Identifikation potenzieller Regionen

Nachfolgend sollen mögliche Ansiedlungsstandorte aus der Region Bremen exemplarisch analysiert werden, wobei die nach einer Recherche der erforderlichen Daten mit dem Standortbewertungstools untersucht werden. Hier existiert bereits eine breite logistische Dienstleistungspalette vor Ort. Insgesamt sind in Bremen über 1.700 Unternehmen mit über 20.000 Mitarbeitern unmittelbar in der Logistikbranche tätig und decken die gesamte Wertschöpfungskette der Logistik ab (Transport, Warehousing, Spedition, Reedereien, Hafenumschlag, Schiffsmakler, Eisenbahn, Luftverkehrsdienstleister, Schwergutspeditionen, Planungs- und Ingenieurbüros, Berater, etc.). Bedeutende Logistikunternehmen, wie beispielsweise die BLG Logistics Group, die Eurogate GmbH & Co. KGaA oder die Stute Verkehrs GmbH haben ihren Hauptsitz in Bremen. Zudem betreiben ein Teil der weltweit größten Kontraktlogistiker Niederlassungen in Bremen (z. B. Metro/MGL, Fiege, Dachser, DHL, TTS Teege Tietje & Sohn, Kühne & Nagel, Rhenus, DB Cargo, Schenker). Bremen nimmt eine zentrale Lage zwischen Baltikum/Skandinavien und Zentraleuropa/Benelux ein. Spätestens seit der EU-Erweiterung liegt die geographische Mitte der EU jetzt in Deutschland. Hieraus resultieren für den Standort Bremen erhebliche Entwicklungschancen.

Die Auswahl möglicher Industriestandorte in der Region ergab folgende zu untersuchende Gebiete:

- Das Güterverkehrszentrum Bremen
- Der Gewerbepark Hansalinie
- Der Technologiepark Bremen

Im Folgenden werden die Standorte Güterverkehrszentrum Bremen (GVZ Bremen), Gewerbepark Hansalinie und Technologiepark Bremen hinsichtlich dieser Kriterien und vor dem Hintergrund der Realisierung des Technologie-

[30] Als Erfahrungswert gilt, dass eine Variante mindestens einen Wert von 80% erreichen sollte; vgl. Wildemann (1994).

parkkonzeptes betrachtet. Hierzu werden die entsprechenden relevanten Standortfaktoren bewertet.

Bei den hier zu untersuchenden Standorten ergibt sich aufgrund der regionalen Nähe, dass einige der Kriterien für alle Standorte die gleichen Ausprägungen haben. So wird zuerst auf die standortspezifischen Charakteristika eingegangen; anschließend erfolgt eine Beschreibung der für alle Standorte gemeinsam geltenden Kriterien.

Weiterhin gibt es Faktoren, die zwar bei der Standortwahl eines produzierenden Unternehmen von Relevanz sind, die aber lediglich aus der Sicht eines konkreten Unternehmens bewertet werden können, wie beispielsweise die Entfernung zu den Abnehmern, und somit hier nicht genauer betrachtet werden können.

Das GVZ Bremen

Das südwestlich von Bremen gelegene Güterverkehrszentrum bietet Flächen mit einem hohen Synergiepotenzial für Unternehmen der Logistikwirtschaft, des Handels und der Industrie.[31] Es wurde 1985 gegründet.[32] Folgende Daten sind für die Bewertung des Standortes von Bedeutung:[33]

Art des Standortes

Der Schwerpunkt des Gewerbegebiets liegt in der Logistik, aber auch Handelsunternehmen und produzierende Betriebe können von dem konzentrierten Zusammenschluss der ansässigen Unternehmen profitieren. Ziel der Wirtschaftsförderung ist es, den Branchenmix im GVZ weiter voranzutreiben, um Synergien für Produzenten und Logistiker zu erschließen.[34]

Die Nutzungsart setzt sich aus Gewerbegebieten (GE), Industriegebieten (GI) und Sondergebieten (SO) zusammen.

Mit einer Nettogewerbefläche von mehr als 360 Hektar zählt das GVZ zu den größten seiner Art in Deutschland. Hiervon sind noch 165 Hektar frei, wovon 55 Hektar baureif zur Verfügung stehen.[35]

Die öffentlichen Investitionen seit der Errichtung des GVZ betragen etwa 120 Mio. Euro, denen fast 200 Mio. Euro privater Investitionen gegenüberstehen.

---

[31] Vgl. BIG (o. J.).
[32] Vgl. o. V. (2007c).
[33] Vgl. z. B. BIG Bremen (2006).
[34] Vgl. BIG Bremen (2006).
[35] Vgl. Kiesel (2005).

Verkehrstechnische Anbindung und Infrastruktur

Das GVZ bietet als Schnittstelle im intermodalen Güterverkehr für die Verkehrsträger Straße, Schiene, Luft, und See- bzw. Binnenschiffsverkehr umfassende überregionale Verkehrsanbindungen.

Es ist über die Bundesstraße 6 direkt an die A 27 (9 km) angeschlossen. Die Anbindung an die A1 erfolgt derzeit ebenfalls über die B 6 (11 km). Hier entstehen aufgrund des hohen Verkehrsaufkommen z.T. längere Wartezeiten für LKW; im Jahr 2007 wurde ein neues innerstädtisches Autobahnverbindungsstück (A 281) vom GVZ direkt zur A 1 in Betrieb genommen, wodurch die überregionale Straßenverkehrsanbindung verbessert wird. Zusätzlich wird ab 2010 durch den geplanten Weser-Tunnel die Qualität der guten überregionalen Straßenverkehrsanbindung noch einmal verbessert.

Der Bremer Flughafen, der Bremer Hauptbahnhof und die Innenstadt sind über die Bundesstraße 6 in ca. 10 Minuten zu erreichen (ca. 7-8 km). Auch ein ÖPNV-Anschluss ist vorhanden.

Im GVZ Bremen verfügen die meisten Grundstücke über einen eigenen Gleisanschluss. Auch für die Erweiterungsareale sind Gleisanschlüsse vorgesehen.

Eine Besonderheit im Infrastrukturangebot im GVZ Bremen ist die Anlage für den kombinierten Ladungsverkehr (KLV) der privatwirtschaftlich organisierten "Roland Umschlagsgesellschaft für den kombinierten Güterverkehr mbH & Co. KG". Diese Anlage verfügt über sechs ganzzuglange Gleise und eine jährliche Umschlagkapazität von 230.000 Behältern.

Es existiert eine direkte Anbindung zum ca. 2 km entfernten Neustädter Hafen mit seeschifftiefem Wasser.

Etablierte Unternehmen

Derzeit sind ca. 5000 Personen in den etwa 130 ansässigen Unternehmen tätig, der Schwerpunkt liegt auf Logistik-, Speditions- und Umschlagunternehmen, aber auch Handels- und Produktionsunternehmen mit hohem Logistikbedarf sind ansässig. Die Ansiedlung weiterer produzierender Unternehmen soll gefördert werden.

Innovationspotenzial

Durch die GVZ Entwicklungsgesellschaft (GVZe) werden neue Ideen und innovative Projekte vorangetrieben.

Image

Das GVZ Bremen, welches das erste in Deutschland gegründete Güterverkehrszentrum ist, nimmt in einem Ranking des Branchenblattes Deutsche Verkehrszeitung (DVZ) den ersten Platz von 34 GVZ in Deutschland ein:[36] „Das GVZ Bremen nimmt als Pilotprojekt nach wie vor einen Spitzenplatz ein."[37] Für das gute Image des Standortes setzt sich u. a. die GVZ-Entwicklungsgesellschaft ein.

Beschränkungen der Betriebszeit

Keine Beschränkungen.

Interessenvertretung und Kooperationsförderung

Die Interessen der angesiedelten Unternehmen werden durch die bereits im Jahre 1986 gegründete GVZ Entwicklungsgesellschaft mbH (GVZe) vertreten.[38] Ihre Gesellschafter kommen aus Unternehmen des GVZ, der Deutsche Bahn AG, der Bremer Wirtschaftsbehörde sowie überregional tätigen Logistikunternehmen. Die GVZe mbH wurde nicht nur als Interessenvertretung der im GVZ Bremen ansässigen Unternehmen gegründet, sondern ist auch Initiator und Moderator einer Vielzahl von Beratungs- und Kooperationsprojekten. Sie übernimmt die Managementaufgaben für das GVZ, wie die Organisation von Infra- und Suprastruktur, von Veranstaltungen und Tagungen sowie Öffentlichkeitsarbeit.[39]

Durch ein durch die GVZe gelenktes Einkaufspooling beim Einkauf von Energie, Telekommunikation oder Verbrauchsgütern ergeben sich finanzielle Vorteile für die einzelnen GVZ-Unternehmen durch preisgünstige Verträge.

Durch die GVZe organisierte Kooperationen bestehen bereits in den Bereichen Gefahrgut, Arbeitssicherheit, Einsatz von Betriebsärzten und der Aus- und Weiterbildung der Mitarbeiter von GVZ-Unternehmen. Potenzielle Vorteile durch Produktionskooperationen werden durch die GVZe als wichtig eingeschätzt; im GVZ Bremen handeln ansässige Unternehmen auch bei Kapazitätsengpässen kooperativ. So werden beispielsweise Lagerkapazitäten, Stapler und weiteres Equipment in Absprache von mehreren Unternehmen genutzt. Die vorhandenen projektbezogenen Netzwerke und Kooperationen bieten eine sehr gute Ausgangsbasis, um auch weitere innovative Lagertechniken, wie ein Shared Warehouse, unternehmensübergreifend einsetzen zu können.

---

[36] Vgl. Nobel (2005).
[37] Nobel (2004), S. 3.
[38] Vgl. Kiesel, W. (2005a).
[39] Vgl. o. V. (2007c).

Ansässige Unternehmen betonen, dass im GVZ aus Konkurrenten häufig Partner geworden sind; unternehmensübergreifende Kooperationen werden geschätzt.[40]

Gewerbepark Hansalinie

Der Gewerbepark Hansalinie liegt in der Nähe des Bremer Kreuzes und zu den Produktionsstätten der Daimler AG. Der Schwerpunkt der ansässigen Unternehmen liegt im Bereich Automotive.

Art des Standortes

Das Flächenangebot im Gewerbepark richtet sich vorrangig an Automobilzulieferunternehmen, verarbeitende und produzierende Gewerbe- u. Industriebetriebe, verkehrsbezogene Dienstleistungsfirmen und an das Handwerk.

Die Nutzungsart unterteilt sich in Gewerbegebiete (GE) und Industriegebiete (GI), wobei die Flächen mit GE-Ausweisung in unterschiedliche Zonen gegliedert sind. Die durch eine Zonierung des Gebietes entstehende Nutzungsstruktur soll die unterschiedlichen Standortbedingungen berücksichtigen und den ansässigen Unternehmen eine gute und störungsfreie Nachbarschaft bieten.[41]

Im Gewerbegebiet entsteht ein überregionales Dienstleistungszentrum mit integriertem Autohof. Zusatzleistungen wie LKW-Reparatur oder Gastronomie werden im Europark Hansalinie geboten. Unternehmen haben die Möglichkeit, Büro- und Hallenflächen anzumieten.

Da bereits zwei Drittel der Nettogewerbefläche von 51 Hektar vergeben sind, sind Erweiterungsflächen von insgesamt ca. 230 Hektar vorgesehen (Stand 01/2004). Grundstücke stehen baureif zur Verfügung.

Verkehrstechnische Anbindung

Der Gewerbepark liegt im Südosten der Stadt und verfügt über eine eigene direkte Autobahnanbindung (Ausfahrt Bremen-Hemelingen) an die A 1, über die die A 27 (Bremer Kreuz) in 6 km erreicht wird. Damit ist das Gebiet an regionale und überregionale Verkehrsachsen nach Hamburg, Hannover, Bremerhaven, das Ruhrgebiet und in das gesamte Stadtgebiet angebunden.

In der Nähe des Gewerbeparks befinden sich international operierende Unternehmen wie Daimler oder die STN ATLAS Elektronik. Das Montagewerk von Daimler-Chrysler ist durch den im Jahr 2003 fertiggestellten Hemelinger Tunnel

---

40 Vgl. BIG Bremen (2006).
41 Vgl. BIG (2007).

in 10 Minuten erreichbar, wodurch Just in Time Anlieferungen vom Gewerbepark realisierbar sind.

Ein Gleisanschluss ist für Teilflächen vorhanden. Die Hafenanbindung an den Hemelinger Hafen (Weser) ist 2 km entfernt. Somit ist auch ein Zugang zu den Binnenschifffahrtsstraßen gegeben. Die Entfernung zum Airport Bremen beträgt 5 km, zum Hauptbahnhof sind es 7 km. Auch ein ÖPNV-Anschluss ist vorhanden.

Etablierte Unternehmen

Derzeit sind ca. 1300 Beschäftigte im Gewerbepark tätig. Produzierende Unternehmen wie beispielsweise die KfZ-Zulieferer Faurecia, Johnson Controls, Schedl Automotive und Dettmar Logistics, aber auch Schreiber Baumaschinen und das Stinnes Stahl Logistikzentrum sind in dem Gewerbepark ansässig. Neben dem Branchenschwerpunkt Automotive sind Fachgroßhandel, Dienstleistungsunternehmen und verarbeitendes Gewerbe angesiedelt.

Innovationspotenzial

Es besteht eine räumliche Nähe zu weiteren Produktionsunternehmen, deren Entfernung wenige Kilometer nicht überschreitet.

Die Deutsche Außenhandels- und Verkehrsakademie Bremen bildet kontinuierlich Nachwuchskräfte aus, verschiedene logisitiknahe Institute komplettieren die hohe Kompetenz vor Ort.

Image

Der Gewerbepark Hansalinie ist ein moderner Standort im Bereich Automotive.

Beschränkungen der Betriebszeit

Keine Beschränkungen.

Interessenvertretung und Kooperationsförderung

Eine Interessenvertretung, die die Belange der ansässigen Unternehmen in der Öffentlichkeit vertritt, wie beispielsweise die GVZe, ist nicht vorhanden.

Technologiepark Bremen

Der Technologiepark Bremen ist ein attraktiver Standort für Forschungs- und Entwicklungsunternehmen mit Anbindung zur Universität Bremen.[42]

Art des Standortes

Das Nutzungskonzept beinhaltet sowohl die Ansiedlung von Unternehmen mit den Schwerpunkten Forschung, Entwicklung und Dienstleistungen als auch die Ansiedlung von Unternehmen mit dem Schwerpunkt Transfer-Infrastruktureinrichtungen in Verbindung mit Produktion.

Die Nettofläche beträgt ca. 53 ha. Grundstücke stehen baureif zur Verfügung. Die Universität bietet ein hohes Potenzial qualifizierter Arbeitskräfte.

Verkehrstechnische Anbindung

Der Technologiepark ist im östlichen Bremen gelegen. Es besteht eine direkte Anbindung an den Autobahnzubringer zur A 27 (Abfahrt Horn-Lehe) und somit eine Anbindung an das Bremer Kreuz (ca. 13 km). Die Stadtmitte ist 5 km entfernt und über die Parkallee sowie mit dem ÖPNV sehr gut zu erreichen.

Der internationale Airport Bremen ist ca. 12 km entfernt. Ein Gleisanschluss oder Hafen ist nicht vorhanden.

Etablierte Unternehmen

Im Technologiepark sind ca. 350 innovative Unternehmen mit ca. 6.000 Beschäftigten ansässig.[43] Diese sind in den Bereichen Informations- und Kommunikationstechnik, Luft- und Raumfahrt, Logistik, Werkstoff-, Mikrosystem- und Produktionstechnik sowie Sensor- und Nanotechnik tätig und bilden rund um die Universität einen High-Tech-Stadtteil. Dies sind beispielsweise das Fraunhofer Institut für Angewandte Materialforschung, das Institut für Werkstofftechnik, das Max-Planck-Institut, die ZARM-Fallturm Betriebsgesellschaft mbH, das Technologie-Zentrum Informatik, das Zentrum für Informations- und Kommunikationstechnologien, das Institut für Seeverkehrswirtschaft und Logistik, Zentrum für Umweltforschung und Umwelttechnologie u. a.

---

[42] Vgl. BIG (2004).
[43] Vgl. o. v. (2007b).

Innovationspotenzial

Aufgrund der unmittelbaren Nähe zu der Universität und diversen Forschungs- und Entwicklungsinstitutionen wird das Innovationspotenzial hoch eingestuft. Es hat sich „eine Innovationskultur gebildet, in der Wirtschaft und Wissenschaft ideal miteinander wachsen können.“[44]

Image

Der Technologiepark hat sich seit seiner Gründung vor 15 Jahren zu einem Hochtechnologiestandort entwickelt, der sich durch konzentriertes Fachwissen im Bereich des High-Tech-Sektors auszeichnet.

Beschränkungen der Betriebszeit

Keine Angaben.

Interessenvertretung und Kooperationsförderung

Eine enge Kooperation zwischen den wissenschaftlichen Instituten der Universität und den Forschungseinrichtungen der Unternehmen ist erwünscht; Ziel ist die Verschmelzung von Wirtschaft, Forschung und Ausbildung.

Ausführliche Informationen werden durch einen umfangreichen Internetauftritt der Öffentlichkeit zur Verfügung gestellt.[45]

Allgemeine Standortfaktoren

Bei der Standortbewertung werden Gewerbegebiete in Bremen betrachtet. Bremen hat sich als bedeutende Technologieregion entwickelt. Die maritime Wirtschaft mit hochmodernen Terminals, die speziell auf die Handhabung von Automobilen eingerichtet sind, ist ein wichtiger Standortfaktor dieses Raums.

Forschungsinstitutionen

Mit einer Vielzahl von Institutionen im wissenschaftlichen Bereich (beispielhaft der Universität Bremen und den Hochschulen des Landes sowie der DAV, DLA, BVL, ISL etc.) verfügt Bremen über ein hohes Maß an Kompetenz für F&E und die Qualifizierung der benötigten Mitarbeiter. Dennoch wird teilweise kritisiert,

---

[44] BIG (2004).
[45] Vgl. o. V. (2007b).

dass Wissenschaft und Wirtschaft nur unzureichend vernetzt sind. Beide Seiten könnten noch mehr von der Präsenz und Kompetenz des anderen profitieren.

Ansprechpartner

Nachfragende Unternehmen sehen sich einer Vielzahl möglicher Ansprechpartner gegenüber (Bremer Investitions-Gesellschaft (BIG), BIS, bremenports, Senator für Wirtschaft und Häfen, Senator für Bau, Umwelt und Verkehr, Amt für Straßen und Verkehr, Bürgschaftsbank etc.).

Kostenstrukturen

Die Kostenstrukturen (Mieten, Flächen, Personal) liegen mindestens 10 % unter den Kosten anderer Ballungsräume. Sehr deutlich wird es bei Mietkosten: Bei einer Differenz im Mietzins von 1 €/m² Halle im Vergleich zu Hamburg spart ein Logistiker bei einer Hallenfläche von 5.000 m² dann 60.000 € im Jahr.

Markt und Absatz

Für die Entwicklung der Region bildet der Seehafen Bremerhaven als multimodaler Kontenpunkt mit seinen bedeutenden Entwicklungsimpulsen einen wesentlichen Standortfaktor. Bremen liegt an einem Schnittpunkt der Warenströme der boomenden Containerterminals in Bremerhaven, Hamburg und zukünftig Wilhelmshaven. Damit wird Bremen zur Drehscheibe im Norden und möglicher Standort für Entscheidungsfunktionen. Verlader profitieren in Bremen von der Möglichkeit, die Ware nach Zeit- und Kostenaspekten auf die zukünftig drei Häfen zu verteilen. Aufgrund der räumlichen Nähe der betrachteten Standorte ergibt sich im weiteren Sinne auch ein ähnliches Markt- und Absatzpotenzial, welches sich durch die Stadt Bremen und die Region ergibt. Bei der Betrachtung eines spezialisierten Produktionsunternehmens, wie beispielsweise eines Automobilzulieferers, ist sowohl die globale als auch die regionale Lage, wie die unmittelbare Nähe zu Kooperationspartnern und Hauptkunden, von Bedeutung.

Feiertage

Nicht nur im internationalen Vergleich, sondern auch im nationalen Vergleich, variiert die Anzahl der festgelegten und arbeitsfreien Tage. Im Jahr 2007 gibt es im Bundesland Bremen nur 9 gesetzliche Feiertage, wohingegen es in Bayern 13 gesetzliche Feiertage gibt.

Staatliche Hilfen und Förderprogramme

Ansiedlungswillige Unternehmen, die in Bremen ein Gewerbegrundstück kaufen wollen, werden durch die Bremer Investitionsgesellschaft (BIG) durch technische Beratung unterstützt.[46] Die BIG ist neben der Bestandsentwicklung und der Vermarktung auch in der Erschließung von Gewerbeflächen tätig. Weiterhin werden Unternehmen bei der Beschaffung von Bau- und Betriebsgenehmigungen unterstützt oder über Fördermöglichkeiten in Landes-, Bundes- oder EU-Programmen beraten.

3.1.2.3 Standortwahl – Anwendung der Methodik und Fazit

Die im vorherigen Kapitel betrachteten Standorte GVZ Bremen, Gewerbepark Hansalinie und Technologiepark Bremen werden mit dem Bewertungstool entsprechend Abb. 15 evaluiert.

Hierzu wird eine Bewertung der Kriterien aus Sicht eines produzierenden Unternehmens vorgenommen, welches eine Standortentscheidung für einen Gewerbepark zu treffen hat, unter besonderer Berücksichtigung vorhandener und möglicher Kooperationen in Produktion und Lagerhaltung.

Kriterien, die aufgrund der räumlichen Nähe dieser drei Standorte identisch sind oder als gleichwertig einzustufen sind, bekommen den gleichen Wert zugeordnet. Die gewichteten Punktwerte sowie die Nutzwerte werden von dem erstellten Tool automatisch ermittelt (vgl. hierzu ausführlich Abb. 14).

Die Nutzungsart der Gewerbefläche betreffend werden für das produzierende Unternehmen die Hansalinie und das GVZ dem Technologiepark vorgezogen. Externe Belastungen hingegen sind beim Technologiepark am geringsten einzustufen.

Die Verkehrsanbindung und Infrastruktur wird bei GVZ und Hansalinie aufgrund der Möglichkeit der Nutzung unterschiedlicher Verkehrsträger ebenfalls besser bewertet als beim Technologiepark.

Das Arbeitskräftepotenzial wird im Technologiepark aufgrund der Nähe zur Universität am besten eingestuft, gefolgt vom Gewerbepark Hansalinie, wo bereits eine Vielzahl von Beschäftigten im produzierenden Bereich tätig ist.

Die Anzahl etablierter Produktionsunternehmen ist im Gewerbegebiet Hansalinie und dem GVZ am höchsten, womit auch die Vorteile von Produktionskooperationen oder von Synergieeffekten durch eine gemeinsame Nutzung von Lagertechniken am ehesten realisiert werden können. Logistikdienstleister sind schwerpunktmäßig im GVZ niedergelassen.

Die Nähe von Forschungsinstitutionen ist im Technologiepark unmittelbar gegeben, daraus ist hier auf das höchste Innovationspotenzial zu schließen.

---

[46] Vgl. Kiesel (2005a).

Abb. 15: Bewertung potenzieller Standorte

	Standortfaktoren	Faktorgewichte: Kategorie	Faktorgewichte: Ortsfaktor	Faktorgewichte: Kriterium	Punktbewertung der Standorte: GVZ	Punktbewertung der Standorte: Hansalinie	Punktbewertung der Standorte: Tech. Park	Gewichtete Punktwerte: GVZ	Gewichtete Punktwerte: Hansalinie	Gewichtete Punktwerte: Tech. Park
	Beschaffung und Produktion									
feste Faktoren	***feste Faktoren***	40%								
	Grundstück		15%							
	Art des Standortes (Gewerbe-, Industrie-)			50%	5	5	3	3,0	3,0	1,8
	Bodenbeschaffenheit			30%	5	5	5	1,8	1,8	1,8
	externe Belastungen (Lärm, Geruch, Staub)			20%	3	3	5	0,7	0,7	1,2
	Infrastruktur		70%							
	Straßen-/Autobahnanbindung			65%	4	5	5	14,6	18,2	18,2
	Staudichte			5%	2	4	4	0,6	1,1	1,1
	Schienenanbindung			20%	5	3	0	5,6	3,4	0,0
	Binnenwasserstraßenanbindung			3%	5	5	0	0,9	0,9	0,0
	Seehafenanbindung			3%	5	4	0	0,9	0,7	0,0
	Flughafenanbindung			3%	4	4	3	0,7	0,7	0,6
	Arbeitskräfte		15%							
	Verfügbarkeit			33%	3	4	5	1,2	1,6	2,0
	Qualität			33%	3	4	5	1,2	1,6	2,0
	Lohn- und Gehaltsniveau			33%	3	3	4	1,2	1,2	1,6
Netzwerk- und Kooperationsfaktoren	***Netzwerk- und Kooperationsfaktoren***	40%								
	Etablierte Produktionsunternehmen		25%							
	Räumliche Nähe			60%	3	4	1	3,6	4,8	1,2
	Potenzielle Vorteile durch Produktionskooperationen (Produktionsfaktorverfügbarkeit, Produktivität)			40%	5	5	2	4,0	4,0	1,6
	Etablierte Logistikdienstleister		25%		5	2	1	10,0	4,0	2,0
	Entfernung zu Zulieferern		25%							
	Verfügbarkeit von Lieferanten und Vorleistungen			60%	5	3	1	6,0	3,6	1,2
	Realisierung erforderlicher Beschaffungsstrategien (JiT) gewährleistet?			40%	3	5	1	2,4	4,0	0,8
	Forschungsinstitutionen in räumlicher Nähe?		15%		2	2	5	2,4	2,4	6,0
	Innovationspotenzial		10%		3	4	5	2,4	3,2	4,0
	Markt und Absatz	10%								
	Marktattraktivität		35%							
	Marktgöße			33%	4	4	4	0,9	0,9	0,9
	Marktwachstum			33%	4	4	4	0,9	0,9	0,9
	Kaufkraft			33%	4	4	4	0,9	0,9	0,9
	Marktzugang		10%		4	4	4	0,8	0,8	0,8
	Entfernung zu Abnehmern		35%							
	Verfügbarkeit von Abnehmern			60%	3	5	1	1,3	2,1	0,4
	Realisierung erforderlicher Lieferstrategien (JiT, MC) gewährleistet?			40%	2	5	1	0,6	1,4	0,3
	Image des Standortes		5%		5	5	5	0,5	0,5	0,5
N & K	**Kontakte zu Abnehmern**		5%		3	3	1	0,3	0,3	0,1
	Räumliche Nähe zum Endkunden		5%		3	5	1	0,3	0,5	0,1
	Kontakte zu Absatzhilfen		5%		3	3	1	0,3	0,3	0,1
	Staatliche Rahmenbedingungen	10%								
	Beschränkungen d. Betriebszeit (Nacht-/WE-Verbot)		20%	20	5	5	4	2,0	2,0	1,6
	Staatliche Hilfen und Förderprogramme		30%	30	5	5	5	3,0	3,0	3,0
	Auflagen und Verfahren		20%	20	3	3	3	1,2	1,2	1,2
NK	**Interessenvertretung**		25%	25	5	0	1	2,5	0,0	0,5
	Kontakte zu staatlichen Institutionen		5%	5	4	3	5	0,4	0,3	0,5
	Nutzwerte der Standortalternativen							**79,2**	**76,2**	**59,0**

Quelle: Eigene Darstellung

Die Marktbedingungen werden aufgrund der räumlichen Nähe der Standorte als identisch angenommen, wohin die Entfernung zu einem möglichen Hauptabnehmer im Gewerbepark Hansalinie am kürzesten ist. Hier lassen sich aufgrund der räumlichen Nähe, beispielsweise zum Daimler-Werk Just-in-Time-Strategien realisieren.

Jeder der drei Standorte hat ein gutes Image, auch wenn dieses bei jedem der drei Standorte einen anderen Schwerpunkt gemäß den vorhandenen Kernkompetenzen vertritt.

Die staatlichen Rahmenbedingungen unterscheiden sich nicht und werden somit identisch bewertet. Die Interessenvertretung ansässiger Unternehmen ist beim GVZ sehr gut organisiert.

Anhand dieser Bewertung ergibt sich, dass das GVZ Bremen mit einem Nutzwert von 79,2 am besten abschneidet, gefolgt vom Gewerbegebiet Hansalinie (76,2) und dem Technologiepark (59,0).

Eine Sensitivitätsanalyse, bei der die Gewichtung oder die Bewertung der Kriterien leicht verändert wird, ergibt, dass sich je nach Variation der Parameter z. T. eine andere Rangfolge der drei Standorte ergibt. In einigen Fällen ergibt sich, dass der Gewerbepark Hansalinie vor dem GVZ liegt; bei beiden Standorten ergibt sich jedoch immer ein kaum schwankender Nutzwert in einem Intervall von etwa 75 bis 85. Der Technologiepark liegt immer auf Rang 3.

Unter Einbeziehung der Sensitivitätsanalyse ergibt sich, dass neben dem GVZ Bremen auch der Gewerbepark Hansalinie für die Realisierung des Technologieparkkonzeptes geeignet scheinen. Beide bieten eine gute verkehrstechnische Anbindung und Infrastruktur, in beiden ist eine hohe Anzahl an Fachkräften in Produktion und Logistik beschäftigt.

Für das GVZ Bremen sprechen insbesondere bereits bestehende unternehmensübergreifende Kooperationen, die sich in der gemeinsamen Nutzung von Equipment wie Lagerkapazitäten und -technik zeigt. Diese bestehenden Netzwerke stellen eine gute Ausgangsbasis für die Realisierung des Technologieparkkonzeptes dar, welches auf der gemeinsamen Nutzung von Verbundlagern aufbaut.

Für den Gewerbepark Hansalinie spricht der Schwerpunkt der ansässigen produzierenden Unternehmen, der im Bereich Automotive liegt. Hier liegen im Bereich der Automobilindustrie bereits vorhandene Netzwerke und Kooperationen vor, die z.T. auf Just-in-Time-Lieferstrategien aufbauen. Auch hier wäre die Realisierung eines Technologieparkkonzeptes unter Einsatz von Verbundlagern gut denkbar.

Somit wurde anhand der Anwendung der Methodik für die regionalwirtschaftliche Bewertung der Standorte gezeigt, dass beide Standorte sehr gute Voraussetzungen für die Realisierung der Referenz-Technologieparkkonzeptes hinsichtlich einer Nutzung von Verbundlagern bieten. Dies beruht vor allem auf der Art der dort ansässigen Unternehmen sowie den bereits bestehenden Netzwerken.

Insbesondere bietet das Güterverkehrszentrum Bremen vielversprechende Potenziale, die mit dem Einsatz von Verbundlagern zukünftig einhergehen könnten, da sowohl die gemeinsame Interessenvertretung der ansässigen Unternehmen (GVZe) als auch die Wirtschaftsförderung hinter dem Ziel steht, den Branchenmix im GVZ weiter voranzutreiben, um Synergien für Produzenten und Logistiker zu erschließen.

3.1.3 Evaluierung regionalwirtschaftlicher Effekte

Ausgehend von den erwarteten betriebswirtschaftlichen und volkswirtschaftlichen Effekten im Falle der Ansiedlung kleiner und mittelständischer Automobilzulieferer, erfolgt in diesem Kapitel eine Abschätzung und Evaluierung damit einhergehender nachhaltiger Effekte auf die Regionalwirtschaft. Hierzu wird als Instrument eine modifizierte Input-Output-Analyse entwickelt, anhand welcher die Effekte abgeschätzt und unter Berücksichtigung korrespondierender Potenziale bewertet werden.

3.1.4 Einfluss von Verbundlagerinfrastruktur auf Ansiedlungsentscheidungen

Die massive Verlagerung von deutschen Produktionsstätten ins Ausland ist ein aktuelles Thema in Wirtschaft und Presse. „Rund 14% der größeren Unternehmen mit 100 und mehr Beschäftigten haben zwischen 2001 und 2006 Aktivitäten vom heimischen Standort ins Ausland verlagert.“[47] Auf die Motive für die Verlagerungen ist ausführlich in den vorangegangenen Kapiteln eingegangen worden. Als ein wesentliches Verlagerungsmotiv werden hier die Kosten der Produktionsfaktoren aufgezeigt. Gerade diese können durch innovative Technologien, wie beispielsweise ein Verbundlager, gesenkt werden. Wirtschaftlich positive Effekte können durch den Einsatz von Verbundlager in Kombination mit Just-in-Sequence (JiS) und Sequenzrichtern im Rahmen einer Verbundproduktion generiert werden. Diese liegen in einer Prozessoptimierung und einer geringeren Kapitalbindung, durch welche Lohnkostennachteile aufgewogen werden können.

Ein unternehmensübergreifender Einsatz innovativer Technologien kann einen Anziehungseffekt auf weitere Unternehmen der Automobilbranche forcieren. Auf Grund der technischen Voraussetzungen bewirkt das JiS-Konzept, dass Zulieferunternehmen maximal etwa vier Kilometer entfernt vom OEM angesiedelt sein müssen, um eine synchrone Anlieferung von Teilen sicherzustellen. Diese zeitsynchrone Bereitstellung wird in der Praxis mit dem Begriff „Perlenkette“ beschrieben. Dies hat zur Folge, dass ein etablierter Industriepark einen Arbeitsplatzeffekt für die Region bewirkt, da es auch für die 2nd und 3rd tier be-

[47] Statistisches Bundesamt (2007).

triebswirtschaftlich sinnvoll sein kann, sich in räumlicher Nähe zum Hauptkunden anzusiedeln. Daher führt die Einführung einer produktionssynchronen Logistik zu einem „Bonding“ von weiteren Industrieunternehmen und Zulieferern in der Region.[48]

Seitens des fiskalischen Effekts ist bei Unternehmensansiedlungen zu berücksichtigen, dass Firmen mit Sitz in Stadtstaaten zum Teil geneigt sind, vor die Landesgrenzen zu ziehen, um von günstigeren Steuern zu profitieren. Auf diese Weise kann einerseits die Abgabenlast gesenkt werden, andererseits kann aufgrund der räumlichen Nähe aus dem städtischen Arbeitsmarkt geschöpft werden, d.h. die Arbeitskräfte aus der Stadt ins Umland „gezogen“ werden. Diese beschriebene Suburbanisierung führt aufgrund des Auseinanderfallens von Wirtschaftskraft und Steuerkraft zu finanziellen Belastungen der Stadtstaaten, da diesen hieraus erhebliche Steuermindereinnahmen entstehen. Stadtstaaten sind zwar im Gegensatz zu Flächenländern in der Regel hochverdichtete Gebiete mit einer überproportionalen Wirtschafts- und Steuerkraft und einer hohen Arbeitsplatzdichte, jedoch sind sie auch auf regionale Wirtschaftszentren mit hohen Wertschöpfungen angewiesen. Zwischen Stadtstaaten und ihrem Umland bestehen im Allgemeinen starke wirtschaftliche Verflechtungen, mittels derer einer administrativen Zerschneidung (in Form von Ländergrenzen) der zusammenhängenden Wirtschaftsräume begegnet wird. Vor diesem Hintergrund ist die Erhöhung der Leistungskraft und der Entwicklungsfähigkeit von Industrie- und Gewerbebetrieben mit besonderen Entwicklungschancen für die Stadt Bremen von besonderer Bedeutung und kann zu langfristigen und nachhaltigen positiven Effekten für diesen Stadtstaat führen.

Aus regionalwirtschaftlicher Perspektive interessiert weiterhin, ob über die betriebswirtschaftlichen Effekte hinaus für die Unternehmensaktivitäten weitere positive wirtschaftliche Wirkungen für die jeweilige Standortregion gewonnen werden können. Hieraus könnten dann Implikationen für die regionale Strukturpolitik abgeleitet werden und Wirkungen auf die Wettbewerbsfähigkeit von Regionen identifiziert werden.

3.1.5 Evaluierung nachhaltiger Effekte auf die Regionalwirtschaft

Für die Entwicklung eines Bewertungstools für die Evaluierung der Effekte auf die Region sind in einem ersten Schritt die potenziellen Wirkungen zu systematisieren. Aufzuzeigen ist, wie der Einsatz der neuen Technologie die Region beeinflusst. Für eine erste Annäherung werden die Effekte in induzierte, indirekte und katalytische nachhaltige Wirkungen unterteilt.

---

[48] Vgl. Mair (1993), S. 208.

Die *induzierten Effekte* sind in der Regel quantitativ messbar. Hierzu zählen

- Beschäftigungseffekte
- Bezüge von Investitionsgütern durch Unternehmen
- Laufende Inputs durch Bezüge von Vorleistungen durch Unternehmen
- Fiskalische Effekte:
    - Steueraufkommen/Subventionen: Die öffentlichen Haushalte profitieren über die Gewerbesteuereinnahmen von Unternehmensansiedlungen. Um diese zu fördern, können Fördergelder (Subventionen) an Unternehmen gezahlt werden, um langfristige Einnahmen zu sichern.
    - Handelsbilanzeffekte (Exporte und Importe)
    - Infrastrukturinvestitionen durch das Land

Die *indirekten Effekte* sind von einer eher qualitativen Natur. Darunter sind insbesondere folgende Aspekte zu subsumieren.

- Emissionen/Induzierte Verkehre: Die sich stärker ausdifferenzierende Arbeitsteilung und daraus folgende Spezialisierung hat eine Zunahme der Verkehre gefördert. Auch das Outsourcing mit der Begründung der Konzentration auf die eigentlichen Kernkompetenzen intensiviert die weitere Verflechtung von Unternehmen auf vertikaler und horizontaler Ebene. Insbesondere die zunehmende Globalisierung und der Trend zu internationalen Unternehmensverlagerungen bzw. zum Global Sourcing haben zu immer weiteren Transportentfernungen sowie steigenden Transportvolumina geführt. Dies mag aus einer rein betriebswirtschaftlichen Sicht kurzfristig sinnvoll erscheinen. Aus einer umfassenderen volkswirtschaftlichen Sicht führen diese Trends jedoch weltweit zu einer Verkehrszunahme und, daraus folgend, zu einem erhöhten Emissionsausstoß.

  Unter Berücksichtigung der Entwicklung hin zu immer kleineren Losgrößen und somit steigenden Lieferfrequenzen wird die Tendenz zu einem immer höheren Transportaufkommen noch gesteigert. Gerade im Bereich der Automobil- und Automobilzuliefererindustrie werden Produktionsstrategien des Just-in-Time oder Just-in-Sequence bevorzugt eingesetzt. Ein Wachstum des Gewerbeparks Hansalinie (als Beispiel aus der Automobilindustrie) durch die Ansiedlung weiterer Unternehmen dieser Branche wird somit eine Steigerung des Verkehrsaufkommens in der Region mit sich ziehen. Die Aussage der Zunahme an Verkehren ist jedoch nur aus einem begrenzten kleinräumigen Blickwinkel haltbar. Aus globaler Sicht führt eine räumliche Konzentration mittelständiger Zulieferer im

Gewerbepark zu einer Abnahme von Transporten, wenn Zulieferteile vor Ort gefertigt und nicht über weite Distanzen transportiert werden müssen.[49] Nicht zu unterschätzen ist hierbei auch der positive Effekt der räumlichen Nähe. Denn bei den kurzen Transporten können emissionsintensive Fahrten, wie stauanfällige Langstrecken auf der Autobahn sowie Fahrten in Stadtgebieten, verhindert werden.

- Flächenversiegelung: Die Errichtung von Gewerbeparks führt durch die Konstruktion von Infra- und Suprastrukturen zu einer Versiegelung von Flächen. Hier gilt es, entsprechende Ausgleichsflächen vorzuhalten.
- Branchenstruktureffekte: Hierzu zählen Neuansiedlungen sowie Vergrößerungen oder gegebenenfalls auch Verkleinerungen von Unternehmen auf Grund der Ausweitung des JiS-Anteils in dem betrachteten Gewerbepark. Daraus ergeben sich Strukturveränderungen in Bezug auf Branchen, Unternehmensgrößen, Verflechtungen und eingesetzter Technologien. Die Branche der Automobilzulieferer ist hauptsächlich mittelständisch geprägt, aber auch auf kleinere Unternehmen können Anziehungseffekte entstehen.
- Beschäftigungsstruktureffekte: Neben einem Mengeneffekt der neu entstehenden Arbeitsplätze liegt insbesondere ein Struktureffekt vor. Die Beschäftigungsstruktureffekte berücksichtigen nicht die Anzahl der Arbeitsplätze, sondern vielmehr den Wandel der Qualität der angebotenen Tätigkeiten, die Qualifikationsanforderungen, die Verteilung von Voll- und Teilzeitstellen und insbesondere die nachhaltige Sicherung der Arbeitsplätze. Der Einsatz neuer Technologien erfordert den Einsatz höher qualifizierter Facharbeiter mit, daraus folgend, einem höheren Einkommen. Die neue Technologie bietet zudem die Möglichkeit, neue innovative Lösungen für einen zukunftsträchtigen Umgang mit den Folgen des demografischen Wandels zu entwickeln. Unternehmenserweiterungen und Neuansiedlungen können Beschäftigungsstruktureffekte generieren. Viele dieser Unternehmen bilden auch aus. Die Standortentscheidungen wirken sich somit nicht nur auf die Wettbewerbsfähigkeit des Unternehmens selbst, sondern auch auf das Arbeitsplatzangebot in der Region aus.

Die *katalytischen Effekte* beinhalten die externen Effekte durch Agglomeration:

- Stärkung der Mesologistik: Der Begriff der Mesologistik bezeichnet das Gebiet, welches zwischen der Makrologistik (internationale Logistikketten) und der Mikrologistik (Logistische Aktivitäten innerhalb eines Unternehmens oder entlang der Supply Chain) liegt. Die Mesologistik nimmt somit eine regionale Perspektive ein. Im Fokus steht ein kooperatives Handeln insbesondere auf horizontaler Ebene. Der Mehrwert der meso-

[49] Vgl. Mair (1993). S. 214 ff.

logistischen Interaktion zwischen beteiligten Akteuren (z. B. Unternehmen, Wirtschaftsförderung, Kammern und Verbänden, Interessensvereinigungen, Planungsämter) besteht in der unternehmensübergreifenden Koordination von individuellen Bedarfen. Durch die Betrachtung von Schnittstellen und Wertschöpfungsketten zwischen verschiedenen Akteuren, die es bezogen auf eine Region oder ein Cluster zu optimieren gilt, soll eine mesologistische Systemoptimierung erreicht werden.

Die Einführung von Verbundlagern wird die Beziehungen der Unternehmen zueinander sowie zu Abnehmern und Kunden beeinflussen, da die laufenden logistischen Prozesse angepasst werden. Die Ansiedlung weiterer Dienstleister und Zulieferer und die Generierung spezialisierter Wertschöpfung führen auch in der Logistikbranche zu positiven Effekten. Bereits heute hat das Land Bremen aus Sicht großer Logistikdienstleister auf Grund der hohen Kompetenz in dieser Branche ein Alleinstellungsmerkmal gegenüber anderen Bundesländern.

- Clusterbildung: Die Zunahme der Vernetzung der Unternehmensaktivitäten und die steigende Verflechtung der logistischen Prozesse führt zu einer Verflechtung der institutionellen Infrastruktur. In regionalen Netzwerken profitieren Unternehmen von der räumlichen Nähe zu Zulieferern oder Kunden. Diese Vorteile entstehen insbesondere in integrierten Supply Chains, in denen die Produktions- und Logistikaktivitäten von zwei oder mehreren Unternehmen eng miteinander verzahnt sind. Diese Form der unternehmensübergreifenden produktionssynchronen Koordination ist gerade in der Automobilindustrie gegeben.

Aber auch das alternativ diskutiere Anwendungsszenario des Service Hubs kann zu einer Clusterbildung führen. Durch innovative Reverse Logistics-Ansätze können Kreislaufrückführungsströme neu gestaltet werden. In speziellen Service Hubs kann eine doppelte Wertschöpfung durch Wiederverwertung und Aufbereitung generiert werden. Auch dieser Anwendungsbereich kann zu einer Clusterbildung durch Recycling- und Aufbereitungsfirmen führen, wenn bspw. durchsortierter Altelektroschrott konsolidiert an die jeweiligen Verwerter weitergeleitet werden kann.

Das Anwendungsszenario des Shared Warehouse basiert auf der Grundidee, unternehmensinterne Kapazitätsspitzen überbetrieblich abzudecken. Die unternehmensübergreifende flexible Nutzung von Lagerkapazitäten führt zu einem Glättungseffekt, so dass nicht jeder einzelne Akteur Kapazitäten für maximale Spitzen vorhalten muss. Eine integrierte Lagernutzung kann gegebenenfalls durch eine innovative Lagerverwaltung auch zu Synergien in Beschaffung und Absatz führen.

- Wissensdiffusion und -kapital: Durch die Bildung von Clustern einer bestimmten Branche baut sich im Laufe der Zeit ein spezialisiertes Wissenskapital in einer Region auf. Ein bekanntes Beispiel ist hier das Silicon Valley, bekannt für die konzentrierte Ansiedlung von Unternehmen der Computer- und Informationstechnologie. Die Diffusion von Spezialistenwissen erfolgt auf Grund vielfältiger sozialer Kontakte der einzelnen Beschäftigten über die einzelnen Unternehmensgrenzen hinaus.

- Anziehungseffekte: Durch das spezifische Wissen in der Region entstehen Anziehungseffekte. Menschen kommen gerade deswegen in eine Region, in der eine Vielzahl von Unternehmen derselben Branche tätig sind, weil sich hier Beschäftigungspotenziale räumlich konzentrieren. Langfristig werden sich auch die Bildungsinfrastrukturen entsprechend der Bedürfnisse ansässiger Unternehmen anpassen. Ein Beispiel aus dem Land Bremen ist das Prozess- und Expertenwissen in der Logistik. Bremen hat einen speziellen Ruf als Logistikstandort, welches einen Anziehungseffekt sowohl auf Unternehmen als auch Arbeitskräfte der Logistikbranche hat. Einerseits siedeln sich Logistikunternehmen auf Grund des vorhandenen Wissenskapitals und vorhandener Arbeitskräfte in Bremen an. Andererseits wählen viele Auszubildende oder Studierende eine Ausbildung in einer der vielen vorhandenen Bremer Bildungseinrichtungen im Bereich der Logistik, da sie hier nachhaltige Karrierechancen sehen. Diese sich „aufschaukelnden" positiven Effekte könnten auch in der Automobilbranche der Region Bremen hervorgerufen werden, wenn sowohl Unternehmen als auch Arbeitskräfte das Cluster wahrnehmen.

Im folgenden Kapitel wird ein Vorgehen entwickelt, mittels dessen die regionalwirtschaftlichen Effekte abgebildet werden. Im Gegensatz zu den *induzierten Effekten*, die quantitativ messbar und abschätzbar sind, werden die indirekten sowie die katalytischen Effekte in diesem Modell nicht quantifiziert.

3.1.6 Modifizierte Input-Output-Analyse

Die Ermittlung der regionalwirtschaftlichen Effekte des Einsatzes der innovativen Shared Warehouse-Technologie erfolgt durch eine modifizierte Input-Output-Analyse. Dieses Werkzeug besteht aus vier Feldern, welche, bei dem Teil links oben der Tabelle beginnend, im Uhrzeigersinn durchlaufen werden (vgl. Abb. 15).

Der linke obere Abschnitt enthält die Inputdaten. Hier kann für eine beliebige Anzahl von Unternehmen eine Datenerhebung oder -abschätzung erfolgen. Angegeben sind hier die Arbeitsplätze, Einkommen, Investitionen, etc., welche sich durch den Einsatz der neuen Technologie ergeben würden. Hierbei sind der Eintritt und die Dauer der Wirkungen zu berücksichtigen, da diese kurz-, mittel- oder langfristig auftreten können.

Vorübergehende Effekte der Erstellungsphase werden in der Abschätzung auf die Leistungsabgabephase im Rahmen der Koeffizienten berücksichtigt. In Abb. 16 werden die Daten eines Durchschnittsunternehmens („Unternehmen 1") aufgeführt, welches sich aus der Mittlung von einzelnen Daten ergeben hat.

Abb. 16: Regionalwirtschaftliche Bewertung

	Arbeitsplätze *	Einkommen	anteilige Umlageinvestitionen	jährliche anteilige Folgeinvestitionen	Subventionen	Steuern	Arbeitsplätze	Einkommen	anteilige Umlageinvestitionen	jährliche anteilige Folgeinvestitionen	Subventionen	Steuern
								in Mio. Euro				
Direkte Zulieferer	0,17	0,26	0,2	0,18	-0,2	0,42	6,6	0,7	0,3	0,2	-0,1	0,1
Unternehmen für Investitionsgüter und Infrastruktur	0,017	0,03	0,017	0,01	-0,02	0,38	0,7	0,1	0,0	0,0	0,0	0,1
Staat	0,009	0,01	0,00	0,13	0	0,37	0,4	0,0	0,0	0,1	0,0	0,1
		in Mio. Euro						in Mio. Euro				
Johnson Controls	39	2,9	1,4	0,87	0,6	0,26	46,6	3,8	1,7	1,1	0,5	0,6
Unternehmen 2	...	...	...	...	...	...						
Unternehmen i	...	...	...	...	...	...						
Summe	39	2,9	1,4	0,87	0,6	0,26						

Quelle: Eigene Darstellung

Die Ermittlung der quantitativen Beschäftigungseffekte und der monetären Wirkungen geht über eine reine Betrachtung der Kennzahlen eines einzelnen Unternehmens hinaus. Die Einkünfte eines regionalen Unternehmens erzeugen wiederum Einkommen der beteiligten Wirtschaftsakteure, die ihrerseits daraus weitere Ausgaben oder Investitionen tätigen. Ein neu angesiedeltes Unternehmen zieht im Rahmen von Just-in-Sequence-Produktionsstrategien weitere direkte Zulieferer sowie gegebenenfalls auch weitere 2nd und 3rd tier mit sich. Weitere Bereiche, die direkt von einer Unternehmensansiedlung profitieren, sind Unternehmen für Investitionsgüter und Infrastruktur, wie beispielsweise Bauunternehmen oder Unternehmen, die im Bereich des Anlagenbaus tätig sind und weitere Vorleistungen erbringen. Auch die öffentlichen Haushalte profitieren durch die Steuerabgaben neuer Unternehmen, haben aber auch Ausgaben für das Erschließen von Gewerbeflächen, das Vorhalten von Infrastruktur und das Gewährleisten von Subventionen. Diese Multiplikatoreffekte spiegeln sich in der Koeffizientenmatrix (links oben) wider.[50] Diese berücksichtigt die Multiplikatoreffekte, die sich aus den Primärinvestitionen eines Unternehmens ergeben. Diese Effekte treten sowohl bei den Beschäftigungseffekten als auch bei den Investitions- und Abgabenwirkungen auf. Nicht nur die Zulieferer, auch die öffentlichen Haushalte werden langfristig einen erhöhten Personalbedarf haben, in der Regel in Form von Sachbearbeitern für Finanzen oder Verwaltung. Bei den öffentlichen Haushalten kann der Multiplikatoreffekt langfristig auch bei den Investitionen stärker ausgeprägt sein, da Infrastrukturen und öffentliche soziale Einrichtungen ebenfalls finanziert werden müssen.

Die Multiplikation der aggregierten Unternehmensdaten mit dem Multiplikatorhebel ergibt die Outputmatrix (rechts oben). Die Summe über die einzelnen Kategorien ergibt den endgültigen durchschnittlichen aggregierten regionalwirtschaftlichen Effekt (rechts unten). In diesem Fall ist dieser Effekt für ein repräsentatives Durchschnittsunternehmen angegeben. Unter der Annahme, dass sich durch die Technologie des CubeSorters der Anteil der Unternehmen, die in eine Just-in-Sequence-Versorgung eingebunden sind, von 1 % auf 3 % in der Region erhöht, würde sich die Anzahl der derzeit ansässigen JiS-Unternehmen verdreifachen. Hier wird also von einer *Enabler-Funktion von Fertigungsverbünden* für die Schaffung von Wertschöpfungsnetzwerken ausgegangen.

Dies bedeutet (exemplarisch für das Land Bremen), dass bei einer derzeitig angenommenen Zahl von 4 Unternehmen, die eine JiS-Strategie verfolgen, ein Zusiedlungspotenzial von mindestens 12 weiteren Unternehmen besteht. Der direkte geschätzte regionalwirtschaftliche Effekt liegt somit gemäß der volkswirtschaftlichen Input-Output-Analyse bei einer Größenordnung von einem Zugewinn von zusätzlich 559 Arbeitsplätzen und einem jährlichem Aufkommen an zusätzlich 91 Mio. Euro an konsumtiven und investiven Mitteln, die in der exemplarischen Region verausgabt werden.

---

[50] Die Schätzung der monetären Angaben, der Beschäftigungseffekte sowie der Koeffizienten erfolgt auf Basis von statistischen Publikationen der statistischen Ämter des Bundes und des Landes sowie auf direkten Gesprächen mit einzelnen Unternehmen vor Ort. Temporäre Effekte, die nur in der Entstehungsphase auftreten, werden auf die Leistungsabgabephase umgelegt.

Diese starken Effekte ergeben sich aus den erheblichen volkswirtschaftlichen Multiplikatoreffekten als Folge einer höheren Kaufkraft und Folgeinvestitionen in der Region. Dieses Modell beinhaltet somit den direkten induzierten Effekt sowie die indirekten und die katalytischen Effekte durch das Konsum- und Investitionsverhalten in der Region.

3.1.7 Fazit zur regionalwirtschaftlichen Bewertung

In diesem Teilkapitel wurden mögliche regionale Effekte aufgezeigt und systematisiert. Anschließend wurde mit der modifizierten Input-Output-Analyse ein Instrument zur Abschätzung regionalwirtschaftlicher Effekte entwickelt.

Aus Sicht der öffentlichen Haushalte stellt sich in der Regel die Frage, wie hoch die Kosten für die Förderung und Stärkung des regionalen Wirtschaftswachstums, der Beschäftigung und der Innovationsfähigkeit der Region sind und welche (monetären und nicht monetären) Nutzen diesen Aufwendungen gegenüberstehen. Die Kosten können in der Bereitstellung von Infrastruktur oder dem Gewähren von Subventionen liegen, der Nutzen liegt beispielsweise in der nachhaltigen Schaffung von Arbeitsplätzen und der Generierung von Steuereinnahmen. Die Herausforderung besteht in der Identifizierung von regionalen Wachstumskernen und der gezielten Förderung ihrer Entwicklung mit entsprechenden Synergieeffekten für die Region. Die Verbreitung von Verbundlagern könnte bspw. durch die Entwicklung eines abgestimmten Binnen- und Außenmarketings der Region in Wirtschaftsbereichen mit affinen Anwendungspotenzialen zu weiteren Anwendungsfeldern führen.

Für die wirtschaftliche Nachhaltigkeit ist der Schwerpunkt darauf zu richten, die wirtschaftlichen Vorzüge der Region zum Tragen zu bringen und regionale Kompetenzfelder als wichtige Bausteine zu stärken. Immer mehr setzt sich die Erkenntnis durch, dass mittels regionaler Kompetenzfelder und der Bildung von Clustern vor dem Hintergrund einer durch kleine und mittlere Betriebe charakterisierten Wirtschaft Innovationskräfte freigesetzt werden und die Entwicklung neuer Produkte befördert werden kann.

Bei der Zugrundelegung der modifizierten Input-Output-Analyse zur Abschätzung von Beschäftigungs- und fiskalischen Effekten eines Wachstums einer Region konnte einem Verbundlager als Enabler für den räumlichen Zuzug von Unternehmen in produktionssynchrone Wertschöpfungsnetze ein erheblicher konsumtiver und investiver volkswirtschaftlicher Effekt für eine Region zugeschrieben werden. Diese monetäre Betrachtung ist um die Bewertung der qualitativen Faktoren zu ergänzen, da gerade diese für eine Bewertung aus Nachhaltigkeitsgesichtspunkten eine erhebliche Rolle spielen.

Dies hat mehrere nachhaltige Implikationen: Diese indirekten Effekte beinhalten die Veränderung der Verkehre und Emissionen, die Flächenversiegelung, die Branchen- und die Beschäftigungsstruktureffekte. Abgesehen von der Flächenversiegelung, die neutral bewertet werden kann, sind insbesondere bei den Emissionen starke, positive Effekte durch eine Stärkung des Gewerbeparks Hansalinie durch die neue produktionssynchrone Fertigungsverbünde zu erwarten. Durch die Möglichkeiten der besseren Kanalisierung von Nahverkehren zwischen Zulieferparks und OEM können emissionsintensive Staueffekte im Fernverkehr sowie Stadtverkehre erheblich reduziert werden.

Nachhaltige Branchenstruktur- und Beschäftigungseffekte werden insbesondere auch durch die katalytischen Wirkungen wie das steigende Anziehungspotenzial auf Unternehmen und qualifizierte Arbeitskräfte erwartet. Durch Wissensdiffusion ist langfristig von einer nachhaltigen Beschäftigungsentwicklung auszugehen.

Abschließend kann gefolgert werden, dass der Einsatz von Verbundlagern in einer exemplarischen Region zu einem wirtschaftlichen Erfolg führen kann. Das quantifizierbare Potenzial wird auf 91 Mio. Euro geschätzt.

Neben den wirtschaftlichen Effekten liegen auch bei den sozialen Aspekten der Nachhaltigkeit erhebliche Potenziale vor. So wurden in der exemplarischen Rechnung Beschäftigungseffekte von 559 Arbeitsplätzen errechnet, die einen erheblichen Beitrag zur Reduzierung von Arbeitslosigkeit beitragen und daher auch soziale Implikationen haben. Ferner führt die Verausgabung zusätzlicher Mittel zu fiskalischen Effekten durch höhere Einnahmen aus direkten und indirekten Steuern sowie Abgaben, die einen Beitrag leisten, dass öffentliche Leistungen (z. B. Sozialtransfers) ohne Schuldenaufnahme (und damit Beastung zukünftiger Generationen) überhaupt erbracht werden können.

3.2 Nachhaltige Wirkung der produktionssynchronen Versorgung

3.2.1 Industrielle Agglomeration durch Zulieferpark-Konzepte

Die Anwendung produktionssynchroner Versorgungskonzepte führt zu engen geographischen Bindungen entlang der Supply Chain, weil z. B. häufige Interaktion und kurzfristige Lieferungen am besten funktionieren, wenn sich Zulieferer und Abnehmerwerk in kurzer Entfernung zueinander befinden.[51]

Dabei spielt neben den externen Effekten einer räumlichen Agglomeration vor allem die Etablierung einer Transportinfrastruktur (insbesondere direkte und störungsfreie Verkehrsanbindung) zur Gewährleistung von vorhersagbaren und rechtzeitigen Warenversand eine große Rolle für die Entscheidung einer räumlich

[51] Vgl. Mair (1993), S. 209; Koether (2001), S. 8; Klier (2000), S. 41, siehe auch die ebd. auf Seite 43 aufgeführten empirischen Studien.

nahen Ansiedelung.[52] Zuverlässige Transportverbindungen sind in einem produktionssynchronen Umfeld für die verkehrsgünstige Infrastruktur von besonderer Bedeutung und sollten von Kommunen gefördert werden.[53]

McCann und Fingleton (1996) konnten in dem Zusammenhang für die Region Schottland statistisch signifikant nachweisen, dass die Umstellung auf produktionssynchrone Versorgung von Produktionsbetrieben mit der Ansiedelung weiterer Zulieferwerke (bzw. deren Ausbau, sofern sie schon vor Ort waren) einhergeht.[54] Empirische Hinweise deuten ferner darauf hin, dass die in Zulieferparks angesiedelten Werke überdurchschnittlich groß sind (auch gemessen an der Zahl der Mitarbeiter).[55]

Modulorientierte Fertigungskonzepte gehen vermehrt einher mit Outsourcing-Anstrengungen. Die mittlerweile verbreiteten Fertigungskonzepte einer modularisierten Montage mit geringer Fertigungstiefe wurden auch dazu genutzt, die Entwicklung und Anpassung abgegrenzter Produktbestandteile an Zulieferer auszulagern, um Entwicklungskapazitäten für die eigenen Kernkompetenzen zu schonen.[56] Generell liegt die Motivation zur Einbindung in Netzwerke darin, für ein Unternehmen Ressourcen zu akquirieren, die nicht intern entwickelt werden können.[57] Daher ist die Versorgung nicht nur eine Frage der Beschaffung und des Transports, sondern auch der engen organisationalen und persönlichen Bindung, die durch räumliche Nähe von Zulieferparks begünstigt werden.[58] So können geographische Agglomerationen zu Wissensaustausch beitragen, um den unternehmensübergreifende Kommunikation zu stärken und dadurch Maßnahmen zur Leistungs- und Qualitätsverbesserung zu forcieren.[59]

Entsprechend werden Zulieferparks in der Nähe von Werken zur (End-)Montage von Produkten gegründet, wobei die Originalteilehersteller (OEMs, deren Marken die Endprodukte prägen) als Systemintegratoren fungieren.[60] Auch wenn die einzelnen Zulieferer gewöhnlich Niederlassungen in Eigenregie bauen und betreiben, hat der OEM eine koordinierende Funktion.[61] Als fokales Unternehmen obliegt ihm die Aufgabe der Koordination verschiedener Flüsse zwischen autonomen Unternehmen entlang der gesamten Supply Chain unter Entwicklung der unternehmensübergreifenden Beziehungen.[62] So müssen sich die Zulieferer bei ihren Arbeitszeiten an die Schicht- und Betriebsferienvorgaben des OEM anpassen, um

---

[52] Vgl. Mair (1993), S. 212; Klier, T. H. (2000), S. 42.
[53] Vgl. Mair (1993), S. 212.
[54] Vgl. McCann/Fingleton (1996), S. 513.
[55] Vgl. Klier (2000), S. 52.
[56] Vgl. Morris/Donnelly/Donnelly (2004), S. 130.
[57] Vgl. Dimitriadis/Koh (2005), S. 547.
[58] Vgl. Morris/Donnelly/Donnelly (2004), S. 130.
[59] Vgl. Morris/Donnelly/Donnelly (2004), S. 132.
[60] Vgl. Morris/Donnelly/Donnelly (2004), S. 130; von Saldern (2001), S. 186.
[61] Vgl. McCann/Fingleton (1996), S. 495; Morris/Donnelly/Donnelly (2004), S. 130.
[62] Vgl. Dimitriadis/Koh (2005), S. 546.

bei kurzfristigen Lieferzyklen ihre Kundenaufträge erfüllen zu können. Noch enger wird die Anbindung bei Einführung einer produktionssynchronen Versorgung durch enge Integration und Taktung der Warenlieferungen in Anlehnung an die Produktionsprogramme des OEM.[63] In einer selteneren Variante[64] wird der Zulieferpark vom OEM als fokales Unternehmen allein gegründet und die Infrastruktur vollständig in Eigenleistung aufgebaut. Die Zulieferer bekommen auf Miet- oder Pachtbasis befristet Grundstücke und Gebäude zugeteilt.[65]

Wenn der OEM soviel Engagement zur Entwicklung von Zulieferparks aufbringt, ist zu begründen, welche Hoffnungen in dieser Entwicklung liegen. Diese sind zu vermuten in einer höheren Effizienz bzw. niedrigeren Kosten aus verringerten Bestandhaltungs- und Transportkosten, der Verlagerung von Investitionslasten für Anlagen und Werkzeuge auf angebundene Zulieferer, die Verringerung von Handlingaufwand durch vereinnahmungsgerechte Modullieferungen (Just-in-Sequence) und die Ausnutzung von tariflichen Gehaltsgefällen durch Verlagerung von personalintensiven Herstellungsprozessen auf Zulieferer.[66] Aufgrund dieser Vorteile prognostizieren Corswant und Fredriksson (2002), dass Zulieferparks für produktionssynchrone Lieferungen weiter an Bedeutung gewinnen werden.[67]

3.2.2 Nachhaltige Wirkungen durch Ansiedelung von produktionssynchronen Fertigungsverbünden

Wie die vorangegangenen Erwägungen bereits gezeigt haben, geht die Ansiedelung von Zulieferern in produktionssynchronen Fertigungsverbünden mit wirtschaftlichen Folgewirkungen für das Umfeld einher. Andererseits beanspruchen viele ansiedelnde Unternehmen von staatlicher Seite Subventionsförderungen. Durch die zusätzliche Wirtschaftskraft der hinzukommenden Unternehmen wird für die Region mittelfristig eine stärkere wirtschaftliche Dynamik erwartet, welche weitere Unternehmensansiedlungen anziehen soll – so dass sich durch positive räumliche Agglomerationseffekte Just-in-Time-Regionen ausbilden.[68] Aus nachhaltiger Perspektive hat dies nicht nur eine wirtschaftliche, sondern auch eine soziale Komponente: Unternehmensansiedelungen werden häufig in der Hoffnung auf wirtschaftliches Wachstum und zusätzliche Arbeitsplätze in der Region gefördert.[69] Bei den historischen Fordwerken beispielsweise stieg nicht nur die Zahl der

---

[63] Vgl. Mair (1993), S. 208.
[64] Morris, Donnelly und Donnelly bezeichnen diese auch „Apartmenthaus"-Variante, vgl. Morris/Donnelly/Donnelly (2004), S. 130.
[65] Vgl. Morris/Donnelly/Donnelly (2004), S. 130.
[66] Vgl. Morris/Donnelly/Donnelly (2004), S. 130; Mair (1993), S. 218.
[67] Vgl. Corswant/Fredriksson (2002), S. 755.
[68] Vgl. McCann/Fingleton (1996), S. 513 ; Mair (1993), S. 210.
[69] Vgl. Mair (1993), S. 217.

Arbeitsplätze in der Region, sondern durch den Wettbewerb um qualifizierte Arbeitnehmer auch das Lohnniveau.[70] Allerdings können sich im Falle von Personalauslagerungen an Zulieferer (z. B. im Rahmen eines Betriebsüberganges) die tariflichen Arbeitsbedingungen verschlechtern, wenn Arbeitsplätze des OEM outgesourct werden. Zudem wird mit Umstellung auf Just-in-Time-Prozesse der Personalbedarf durch einhergehende Prozessoptimierung verringert.[71]

Unter nachhaltigen Gesichtspunkten wird allerdings kritisch gesehen, dass zwischenbetriebliche Belieferungen in produktionssynchronen Fertigungsverbünden überwiegend mit Lastkraftwagen erfolgen. Bisher entsprechen sie am ehesten den Ansprüchen an ein flexibles Transportmittel, welches auch Module von Werkstor zu Werkstor transportieren kann. Zudem garantieren sie auch eine schnelle Auslieferung der Güter.[72]

Durch Einsatz produktionssynchroner Versorgungskonzepte ist dabei mit einem prozentualen und absoluten Anstieg des Straßengüterverkehrs zu rechnen, woraus zunehmenden Staus und Verkehrsbehinderungen erwachsen, die termintreuen Just-in-Time-Lieferungen entgegenstehen – mit der Folge von Produktionsausfällen beim Abnehmer und einhergehender Umsatzausfälle bzw. Konventionalstrafen. So wird mit einer Zunahme des Güterverkehrsaufkommens auf den Straßen in Deutschland um beinahe 50% bis zum Jahr 2050 gerechnet.[73]

Ein hohes Verkehrsaufkommen führt zu gesellschaftlich unerwünschten Nebeneffekten: hoher Ressourcenverbrauch bei Energie und Flächen sowie der Anfall von Emissionen von Lärm und Schadstoffen, aber auch soziale Kosten durch Unfälle, Wasserverschmutzung als Folge von Streusalzeinsatz und Gefahrgutunfällen, Berufskrankheiten bei Fahrern und überproportionalen Verschleiß bei Straßen verursacht durch Schwerlastverkehre.[74]

Just-in-Time Konzepte erzeugen zwangsläufig höhere Lieferfrequenzen – im innerbetrieblichen Bereich, wie auch für zwischenbetriebliche Transporte.[75] Ein weiterer indirekter Effekt von Just-in-Time belastet den Straßenverkehr zusätzlich: die zur Belieferung eingesetzten Fahrzeuge werden durchschnittlich nur zu 25% ausgelastet, was weit unter dem mittleren Auslastungsgrad von Nutzfahrzeugen (48%) liegt.[76] Bei stark ausgelasteten Relationen setzt ein sich selbst verstärkender Effekt ein, wenn Disponenten aufgrund staubedingter Verspätungen Lieferungen verfrüht abrufen, was das Verkehrsaufkommen weiter verstärken kann.[77]

---

[70] Vgl. Mair (1993), S. 208.

[71] Vgl. Mair (1993), S. 218.

[72] Vgl. Reese (1993), S. 140 f.

[73] Von ca. 404 Mrd. Tonnenkilometer im Jahr 2007 auf 873 Mrd. Tonnenkilometer, vgl. Ickert et al. (2007), S. 4.

[74] Vgl. Reese (1993), S. 143; Henning (1994), S. 294.

[75] Vgl. Reese (1993), S. 140.

[76] Vgl. Reese (1993), S. 142.

[77] Vgl. die Analogie von Reese zum Durchlaufzeitensyndrom, Reese (1993), S. 142.

Auf der anderen Seite sorgt die notwendige lokale Nähe von angrenzenden produktionssynchronen Zulieferern trotz steigendem Güterverkehr durch besser kanalisierte und kürzere Wege in der Gesamtbetrachtung für weniger Verkehr.[78] So können Gebietsspediteurkonzepte Versandaufträge mehrerer regionaler Zulieferer bündeln, indem er sie in einem getakteten Verkehr nacheinander anfährt, um den LKW im Hauptlauf stärker auszulasten (Milk run).[79] Allerdings ist die zusätzliche Auslastung des Verkehrs mit einer Verlängerung der Fahrstrecke abzuwägen. Zudem kann abgewogen werden, ob ein lokales Lager zwischen Werk und Zulieferern eingerichtet wird, so dass eine bedarfsgerechte Versorgung mit kurzen Transportwegen erfolgt. Allerdings ist dies nicht möglich bei kundenindividuell hergestellten Komponenten und widerspricht dem Ziel einer bestandsarmen Produktionsversorgung entlang der Lieferkette (Bestandskosten werden nur auf Zulieferer abgewälzt).

Auch Güterverkehrzentren können in ein produktionssynchrones Beschaffungskonzept als flexibler Umschlagsplatz integriert werden, um intermodale Transporte zu erleichtern, so dass durch eine Verschiebung des Modal Splits zugunsten von umweltfreundlichen Verkehrsträgern die Umweltfolgen einer Erhöhung der Transportintensität vermindert werden.[80] Zugleich müssen nicht neue Gebäude auf der grünen Wiese errichtet werden, sondern es könnte auf eine vorhandene Logistik-Infrastruktur des GVZ zurückgegriffen werden. Allerdings ist die Beschaffung von Just-in-Time per Bahn auch mit erheblichen Problemen bei der Liefertreue und Lieferzeit behaftet.[81]

3.3 Zusammenfassung

Die Standortwahl für Unternehmensansiedlungen ist eine hochkomplexe Entscheidung, die von einer Vielzahl von Faktoren abhängt. Eine systematische Analyse unter objektiver Berücksichtigung aller Faktoren findet in der Unternehmenspraxis häufig nicht statt. Im Falle von Co-Location ist diese Entscheidung durch das Geschäftsverhältnis zwischen Endmonteur und Zulieferer vorweggenommen. Hierdurch ergeben sich – von strategischen Einwänden hinsichtlich der Ausbildung von Abhängigkeiten und Aufbürdung von Kapazitätsauslastungsrisiken auf Zulieferer abgesehen – eine Vielzahl von vorteilhaften Effekten für die Geschäftspartner und zusätzlich auch positive Ausstrahlungseffekte für die gesamte Region.

Eine besondere Rolle spielen produktionssynchrone Versorgungskonzepte, da sie aufgrund der starken Prozessintegration eine nahe Ansiedelung erfordern und damit Agglomerationen fördern. Damit liegt in diesem Konzept das Potenzial für

[78] Vgl. Mair (1993), S. 214 ff.
[79] Vgl. Kummer (2006), S. 41; Reese (1993), S. 146.
[80] Vgl. Haasis (1999), S. 424 f; Kummer (2006), S. 41; Reese (1993), S. 149.
[81] Vgl. Henning (1994), S. 259 ff.

Industrieregionen, einer Abwanderung von Unternehmen aus Kostengründen (Off-Shoring) zu vermindern und weitere hochwertige Wertschöpfung zu binden. Dadurch entstehen aus nachhaltiger Sicht positive Effekte für Wirtschaftskraft, Aufkommen an Steuern und Abgaben und – auch unter sozialen Gesichtpunkten – der Erhalt oder die Gewinnung von Arbeitsplätzen in einer Region.

Einwände unter Umweltgesichtspunkten, dass produktionssynchrone Zulieferungen durch eine höhere Zahl von Transporten zu mehr Treibstoffverbrauch und Emissionen (Abgase, Staub, Lärm) führen, ist zu entgegnen, dass durch regionale Ansiedelungen in Zulieferparks und Bezug von Logistikdienstleistungen aus multimodalen Güterverkehrszentren die Transportdistanzen verkürzt werden und dadurch trotz Erhöhung der Transportfrequenz die Umweltbelastung niedriger ausfällt. Dies muss in Europa auch vor dem Hintergrund der Handelsliberalisierungen der vergangenen Jahre gesehen werden, die im Zuge europaweiter Bezugmöglichkeiten der Verlängerung der durchschnittlichen Transportdistanzen und damit dem Verkehrsaufkommen einen erheblichen Vorschub gegeben haben.

Literaturverzeichnis

Arnold, D./Furmans, K. (2006): Materialfluss in Logistiksystemen, 5. Aufl., Berlin, Heidelberg.

Bea, F. X. (2004): Entscheidungen des Unternehmens, in: Bea, F. X./Friedl, B./Schweitzer, M. (Hrsg.): Allgemeine Betriebswirtschaftslehre: Band 1: Grundfragen, 9. Auflage, Stuttgart 2004, S. 311-420.

Behrens, K. C. (1971): Allgemeine Standortbestimmungstheorie, 2. Auflage, Wiesbaden 1971.

BIG (2004): Technologiepark Bremen, Bremen.

BIG (2007): Gewerbepark Hansalinie, in: http://www.big-bremen.de/de/ gewerbeflaechen_ inhalt_text?sv%5Bid%5D=2099, Stand 27.06.2007.

BIG (o. J.): Güterverkehrszentrum Bremen – Logistische Stärke ist unsere Kompetenz.

BIG Bremen (2006): Gute Karten für Logistik: Das Güterverkehrszentrum Bremen (GVZ)auf der Poleposition, in: bignews: Beste Karten für Logistik: Güterverkehrszentrum Bremen, Juli 2006.

Dimitriadis, N. I./Koh, S. C. L. (2005): Information flow and supply chain management in local production networks: the role of people and information systems, in: Production Planning & Control, 16. Jg., 6/2005, S. 545-554.

Duwendag, D. (1999): Direktinvestitionen als Indikator der Standortqualität und der Wettbewerbsfähigkeit der deutschen Industrie, in: Hamburger Jahrbuch für Wirtschafts- und Gesellschaftspolitik: 44. Jg., S. 115 ff.

Frey, S. R. (1975): Plant Layout: Planung, Optimierung und Einrichtung von Produktions-, Lager- und Verwaltungsstätten, München, Wien.

Günther, H.-O./Tempelmeier, H. (2005): Produktion und Logistik, 6. Auflage, Berlin et al.

Haasis, H.-D. (1999): Koordinationskonzepte und Informationssysteme für das Umweltmanagement, in: Corsten, H./Friedl, B. (Hrsg.): Einführung in das Produktionscontrolling, München, S. 415-445.

Hansmann, K.-W. (1974): Entscheidungsmodelle zur Standortplanung der Industrieunternehmen, Wiesbaden.

Henning, R. (1994): Ökonomische und ökologische Effekte von "Just-in-Time"-Konzepten am Beispiel der deutschen Reifenindustrie, Frankfurt/M.

Ickert,L./Matthes, U./ Rommerskirchen,S./Weyand, E./Schlesinger, M./Limers, J. (2007): Schlussbericht des Projekts Progtrans: Abschätzung der langfristigen Entwicklung des Güterverkehrs in Deutschland bis 2050, Basel.

Kiesel, W. (2005): Ein Erfolgsmodell wird 20 Jahre alt, in: Güterverkehrszentrum Bremen: 20 Jahre GVZ Bremen, Sonderbeilage im Logistik Kurier, 25.09.2005.

Kiesel, W. (2005): Zwischen Hausmeister, Dienstleister und Vordenker: Die Entwicklungsgesellschaft bringt im GVZ handfeste Vorteile, in: Güterverkehrszentrum Bremen: 20 Jahre GVZ Bremen, Sonderbeilage im Logistik Kurier, 25.09.2005.

Kinkel, S. (2004): Warum scheitern Produktionsverlagerungen?, in: Kinkel (Hrsg.): Inländische und ausländische Standorte richtig bewerten: Lösungen und Praxisbeispiele, Karlsruhe, S. 1-14.

Kinkel, S. (2004a): Die Strategie im Fokus: Erfolgskritische Standortfaktoren für verschiedene Internationalisierungsstrategien, in: Kinkel, S. (Hrsg.): Erfolgsfaktor Standortplanung: In- und ausländische Standorte richtig bewerten, Berlin et al. (2004), S. 49-90.

Kinkel, S./Lay, G. (2000): Internationale Präsenz der deutschen Investitionsgüterindustrie: Kooperationen als Schlüssel zur Globalisierung, in: Fraunhofer Institut Systemtechnik und Innovationsforschung: PI-Mitteilung Nr. 16, März 2000.

Kinkel, S./Lay, G. (2004): Produktionsverlagerungen unter der Lupe: Entwicklungstrends bei Auslandsverlagerungen und Rückverlagerungen deutscher Firmen, in: Fraunhofer Institut Systemtechnik und Innovationsforschung, Mitteilungen aus der Produktionsinnovationserhebung, Nr. 34, Oktober 2004.

Kinkel, S./Lay, G./Maloca, S. (2004): Produktionsverlagerungen ins Ausland und Rückverlagerungen: Ergebnisse aus der Erhebung „Innovation in der Produktion“ des Fraunhofer-Instituts Systemtechnik und Innovationsforschung, Bericht zum Forschungsauftrag Nr. 8/04 an das Bundesministerium der Finanzen, Karlsruhe.

Klier, T. H. (2000): Does “Just-in-time” Mean “Right-next-door”? Evidence from the Auto Industry on the Spatial Concentration of Supplier Networks, in: Regional Analysis & Policy, 30. Jg., 1/2000, S. 41-57.

Kummer, S. (2006): Einführung in die Verkehrswirtschaft, Wien.

Mair, A. (1993): New Groth Poles? Just-in-time Manufacturing and Local Economic Development Strategy, in: Regional Studies, 27. Jg., 3/1993, S. 208.

McCann, P./Fingleton, B. (1996): The Regional Agglomeration Impact of Just-in-Time Input Linkages: Evidence from the Scottish Electronics Industry, in: Scottish Journal of Political Economy, 43. Jg., 5/1996, S. 493-518.

Morris, D./Donnelly, T./ Donnelly, T. (2004): Supplier parks in the automotive industry, in: Supply Chain Management, 9. Jg., 2/2004, S. 129-133.

Nobel, T. (2004): Deutsche GVZ sind eine Erfolgsstory, in: Deutsche Verkehrszeitung Nr. 103, 31.08.2004, S. 3.

Nobel, T. (2005): Die Top 15 der GVZ in Deutschland, in: logistra 1-2/2005.

O. V. (2007a): business-wissen.de (2000-2007): Strategische Standortplanung, in: http://www.business-wissen.de/de/baustein/bs303/, Stand: [30.01.2007].

O. V. (2007b) Vgl. www.technologiepark-bremen.de, Stand 27.06.2007.

O. V. (2007c) www.gvze-bremen.de, Stand 27.06.2007.

Reese, J. (1993): Just-in-Time-Logistik. Ein umweltgerechtes Prinzip?, in: Zeitschrift für Betriebswirtschaft, 63. Jg., Ergänzungsheft 2/1993, S. 139-155.

Renschler, A. (1995): Standortplanung für Mercedes-Benz in den USA, in: Gassert, H./Horváth, P. (1995): Den Standort richtig wählen: Erfolgsbeispiele für internationale Standortentscheidungen, Stuttgart 1995, S. 37-54.

Richter, U./Buchner, M. (2004): Den Netzwerkbedarf transparent machen: Das Konzept des Instruments, in: Kinkel, S. (Hrsg.): Erfolgsfaktor Standortplanung: In- und ausländische Standorte richtig bewerten, Berlin et al. (2004), S. 185-207.

Spatz, J./Nunnenkamp, P. (2002): Globalisierung der Automobilindustrie: Wettbewerbsdruck, Arbeitsmarkteffekte und Anpassungsreaktionen, Kieler Studien 317.

Statistisches Bundesamt: (2007): „Engagement deutscher Unternehmen im Ausland", http://www.destatis.de/jetspeed/portal/cms/ Stand 27.06.2007.

Vahrenkamp, R./Mattfeld, D. C. (2007): Logistiknetzwerke. Modelle für Standortwahl und Tourenplanung, Wiesbaden.

von Corswant, F./Fredriksson, P. (2002): Sourcing trends in the car industry. A survey of car manufacturers' and suppliers' strategies and relations, in: International Journal of Operations & Production Management, 22. Jg., 7/2002, S. 741-758.

Weber, A. (1909): Über den Standort der Industrien, 1. Teil: Reine Theorie des Standorts, Tübingen 1909.

Wildemann, H. (1994): Die modulare Fabrik. Kundennahe Produktion durch Fertigungssegmentierung, 4. Auflage, München 1994.

4 Simulation als Managementwerkzeug: Entscheidungsunterstützung bei der Planung vernetzter Logistiksysteme

Jan Bartkowiak, Guido Siestrup[1]

4.1 Bedeutung von Managementwerkzeugen

Im unternehmerischen Planungsprozess kommen auf strategischer, taktischer und operativer Ebene managementorientierte Unterstützungsinstrumente zum Einsatz. Sie unterstützen die Entscheidungsvorbereitung, -durchführung und -kontrolle und werden im Folgenden als *Managementwerkzeuge* oder kurz als *Werkzeuge* bezeichnet. Wichtiges Merkmal dieser Werkzeuge ist ihre Einsetzbarkeit für praktische Problemstellungen. Managementwerkzeuge decken ein breites Anwendungsspektrum in nahezu allen Unternehmensfunktionen ab, so z.B. in den Bereichen Produktions- und Qualitätsmanagement, IT-Management und Prozessmanagement.

In der Logistik werden Managementwerkzeuge u.a. zur prozessorientierten Modellierung, Analyse, Simulation und Optimierung von Logistikprozessen eingesetzt (Delfmann 2008, S. 928f.). Ihr Einsatzbereich ist damit auf den kompletten PDCA-Zyklus[2] gerichtet. Gegenstand sind sowohl intra-logistische Prozesse (mit unternehmensinternem Fokus) wie auch inter-logistische Prozesse (mit unternehmensübergreifendem Bezug). Eine immer größere Bedeutung für das Design der Werkzeuge hat die Informationstechnologie eingenommen. Ihr wird inzwischen die Rolle eines wesentlichen Enablers für moderne Logistik- und SCM-Prozesse zugesprochen. Insbesondere gilt dies auch für Werkzeuge, die auf eine unternehmensübergreifende Funktionalität ausgelegt sind.

Abbildung 17 zeigt Beispiele für operativ-taktische und strategische Werkzeuge, die im Logistikbereich eingesetzt werden: ERP-Systeme (deren Einsatzbereich weit über den logistischen Umfang hinausreicht) sind primär auf die Administration bestehender Abläufe gerichtet, sie unterstützen den laufenden Betrieb und stellen darüber hinaus auch Funktionalitäten, etwa im taktischen Bereich bereit (z.B. mit der Erstellung von Prognosen, Produktionsplänen etc.). Advanced Planning Systeme erweitern diese Sichtweise um strategisch ausgerichtete Bausteine und stellen erweiterte Funktionalitäten für die unternehmensübergreifende Planung und Steuerung bereit, wobei i.d.R. auch hier von einer bestehenden Infra-

---

[1] Jan Bartkowiak, B.Sc., wiss. Mitarbeiter und Guido Siestrup, Prof. Dr., Fachgebiet Betriebswirtschaftslehre mit Schwerpunkt Logistik, Fakultät für Wirtschaftsinformatik, Hochschule Furtwangen University (HFU), Furtwangen.

[2] PDCA Zyklus benannt nach den vier Phasen *Plan* (Planen), *Do* (Ausführen), *Check* (Überprüfung), *Act* (Anpassung).

struktur ausgegangen wird. Für ein Redesign bestehender Logistikprozesse bzw. für den Neuentwurf sind Werkzeuge erforderlich, die Möglichkeiten der Prozessmodellierung und -simulation bieten. Für spezielle Aufgabenstellungen werden in der Praxis auch weitere Anwendungen eingesetzt (z.B. auf Basis von Tabellenkalkulationen) um Sonderberechnungen und -auswertungen durchzuführen.

Abb. 17: Entscheidungsunterstützung durch Einsatz operativ/taktischer und strategischer Managementwerkzeuge

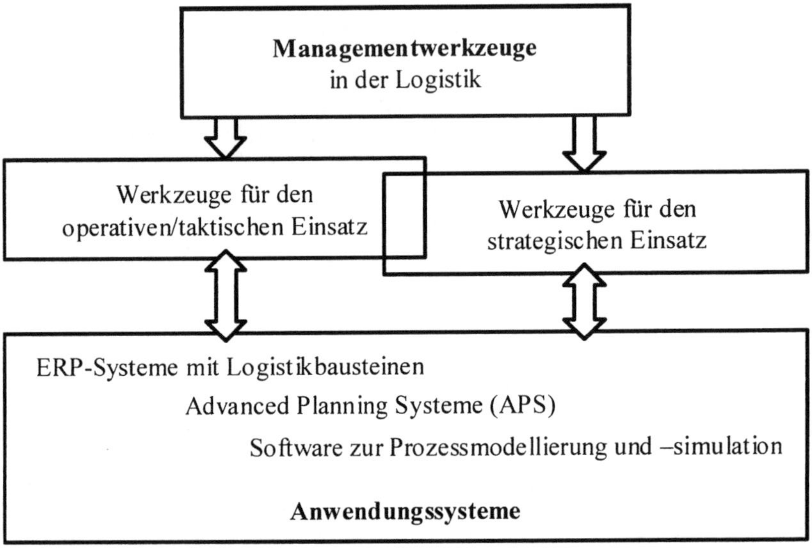

Quelle: eigene Darstellung

Auf allen Planungsebenen (strategisch, taktisch, operativ) werden Kennzahlen gebraucht, die zur Planung und Steuerung der vernetzten Geschäftsprozesse einsetzbar sind. Von zentraler Bedeutung sind in diesem Zusammenhang – auch die Logistik betreffend – geeignete Kennzahlen, die die Effektivitäts- und Effizienzentwicklung eines Unternehmens abbilden bzw. auch der Wertschöpfungskette insgesamt, deren Teil das einzelne Unternehmen ist.

Abgeleitet aus den Unternehmenszielen sind für die Prozessplanung wichtige Beurteilungsparameter abzuleiten. Schmelzer/Sesselmann schlagen hierfür fünf zentrale Parameter[3] vor (Schmelzer/Sesselmann 2006, S. 241):

(1) Kundenzufriedenheit: Messung der Zufriedenheit der internen/externen Kunden mit dem Prozessergebnis;

(2) Prozesszeiten: Messung der Schnelligkeit;

(3) Termintreue: Messung der Termineinhaltung;

[3] Diese werden auch als sogenannte Key Performance Indicators (KPIs) bezeichnet.

(4) Prozessqualität: Messung, wie vollständig die Kundenanforderungen erfüllt werden.

(5) Prozesskosten: Messung des erforderlichen Ressourceneinsatzes.

ERP-Systeme verwalten die Daten der primären und sekundären Geschäftsprozesse eines Unternehmens, insbesondere auch die des Leistungserstellungs- und Verwertungsprozesses. Die Daten werden u.a. über geeignete Anwendungen so aufbereitet und zu Kennzahlen verdichtet, dass sie zur Entscheidungsunterstützung herangezogen werden können. Im Vordergrund stehen mit Blick auf die Logistik Prozesszeiten, Termintreue, Qualität und Kosten. Während sich die Kundenzufriedenheit der internen Abnehmer (sekundäre Prozesse) auch direkt messen lässt, ist dies für die externen Kunden häufig nicht möglich. In der Praxis versuchen Unternehmen daher, die Kundenzufriedenheit externer Kunden aus den genannten Kennzahlenkategorien (2) bis (4) indirekt herzuleiten.

APS-Systeme sind als ergänzender Zusatz zu ERP-Systemen zu sehen und greifen entsprechend auf deren Datenbasis zu. APS-Systeme sind durch eine stärkere Ausrichtung auf die Planung geprägt, wohingegen ERP-Systeme den Fokus auf die Administration der Prozesse legen und stärker ausführungsnah positioniert sind. Die Planungsorientierung trifft auch auf typische Simulationswerkzeuge zu. Gleichwohl können sowohl APS-Systeme wie auch Simulationswerkzeuge zum Beispiel im Rahmen der operativen Produktionsplanung eingesetzt werden.

In Analogie zu Gadatsch/Mayer, die für das IT-Controlling das Konzept eines Werkzeugkastens entwerfen (Gadatsch/Mayer 2006, S. 15ff.), lässt sich dies auch auf die Logistik übertragen: für unterschiedliche Aufgaben werden spezialisierte Werkzeuge im unternehmerischen Werkzeugkasten bereitgehalten und stehen zur Entscheidungsunterstützung zur Verfügung.

Gegenstand der weiteren Betrachtungen sind Werkzeuge zur Prozessmodellierung und -simulation. Sie werden eingesetzt zur Organisations- und Prozessentwicklung und zur Dimensionierung vernetzter Produktions- und Logistiksysteme und bilden eine von drei Softwaretypen, die im Logistikbereich genutzt werden (Schönsleben 2004 S. 419ff.). Der mögliche Einsatzbereich bezieht sich auf alle Planungsebenen (strategisch, taktisch, operativ). Neben dem Einsatz als Stand-alone-Lösung existieren auch Anwendungen durch Kopplungen dieser Werkzeuge z.B. mit ERP-Lösungen. In der Literatur finden sich überdies z.B. Einsatzmöglichkeiten verteilter Simulationen oder sogenannte High Level Architectures (HLAs).

Am Markt gibt es eine ganze Reihe verschiedener Anbieter von Simulationswerkzeugen. Diese weisen zum Teil unterschiedliche Einsatzschwerpunkte auf.

4.2 Managementwerkzeuge und Simulation

Die Logistik- und Supply Chain-Planung kann wie bereits dargestellt, auf drei Planungsebenen erfolgen: auf der strategischen Planungsebene geht es etwa um die Konfigurations- bzw. Netzwerkplanung unter Berücksichtigung der Prozesse. Häufig werden diese Aufgaben auch unter dem Begriff des *Supply Chain Design* zusammengefasst. Die mittelfristige Planung, die auf das Wirtschaften innerhalb der bestehenden Konfiguration abzielt, ist Gegenstand des *Supply Chain Planning*. Auf der operativen Ebene ist der Begriff *Supply Chain Execution* verbreitet.

Simulationstechniken sind auf allen Planungsebenen einsetzbar, im Folgenden liegt der Fokus auf dem Supply Chain Design. Abbildung 18 zeigt den Einsatz von Simulationswerkzeugen zur Prozessgestaltung.

Abb. 18: Einsatz von Simulationswerkzeugen zur Prozessgestaltung

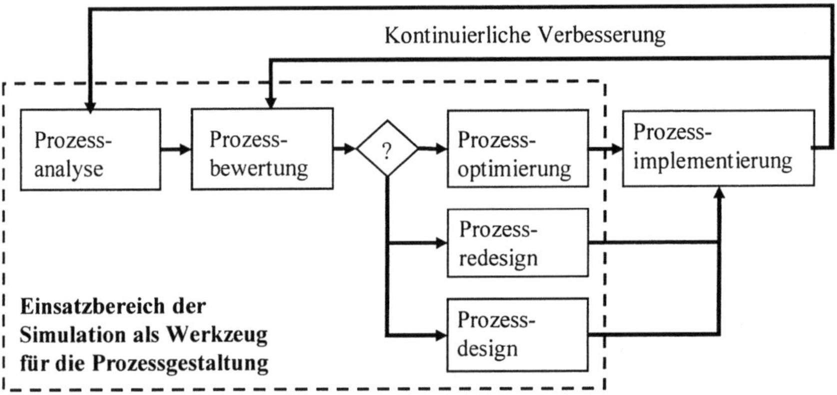

Quelle: eigene Darstellung

Ausgangspunkt der Analysen ist das Ist-System. Die Analysen werden, soweit möglich, am Realsystem durchgeführt, es gibt aber Situationen, die eine Modellbildung erforderlich machen. Dies ist z.B. dann der Fall, wenn

- auf das bestehende System nicht zugegriffen werden kann. Z.B. steht die Produktionslinie eines Automobilzulieferers, der JIS produziert, i.d.R. nicht für umfangreiche Tests zur Verfügung. Die Folgen wären evtl. Lieferprobleme, Buchungsfehler, Unproduktivitäten, etc.;
- das zu untersuchende System zu schnell oder zu langsam abläuft;
- es sich um eine Neuplanung handelt und somit noch kein System zur Analyse vorliegt.

Nach der Bewertung des Ist-Zustands folgt die Soll-Konzeptentwicklung. Zu unterscheiden ist hierbei, ob das bestehende System weiterentwickelt werden soll (Prozessoptimierung) oder ob eine Ablösung des bisherigen Systems anzustreben ist (Prozessredesign). Existiert kein Vorläufer- oder Referenzsystem, so ist eine komplette Neuplanung erforderlich. In der Literatur finden sich verschiedene Methoden, die eine Soll-Konzeptentwicklung unterstützen. Beispielhaft seien hier genannt (Andersen 1999, S. 103ff.):

- Benchmarking,
- Idealizing,
- Flussoptimierung und Wertstrom-Design,
- Quality Function Deployment (QFD) und Success Resource Deployment (SRD).

Der Einsatz der Simulation bietet die Möglichkeit, das z.B. auf Basis des vorstehend genannten Wertstrom-Designs entworfene Fachkonzept detailliert auszuplanen und quantitativ abzusichern.

Der Einsatz der Simulation als Werkzeug ist mittlerweile fest etabliert, Simulation wird als „wichtige Analysemethode in der Produktion und Logistik" eingestuft (Rabe/Spieckermann/Wenzel 2008, S. 1). Zum Wesen der Simulation sowie zum methodischen Grundwissen sei insbesondere auf die VDI-Richtlinie 3633 *Simulation von Logistik, Materialfluß- und Produktionssystemen* verwiesen. Ein allgemeiner Überblick zu dieser Richtlinie, zur Vorgehensweise und zu den Anwendungsbereichen der Simulation findet sich u.a. auch bei Becker (Becker 1998, S. 181ff.).

Eine gängige Klassifizierung der verschiedenen Simulationsarten bzw. -systeme betrifft die Einteilung in ereignisorientierte, prozessorientierte und aktivitätsorientiere Vertreter. Die am häufigsten verwendete Simulationsart ist die ereignisorientierte Simulation (Kadachi 2004, S. 16). Sie bildet auch die Grundlage für die weiteren Ausführungen.

Bei der ereignisorientierten Simulation treten die Ereignisse zu definierten Zeitpunkten ein. Wenn eine Zustandsänderung geplant ist, wird das Ereignis in eine sogenannte Ereignisliste eingetragen. Sie ist der Datenbereich, der es der Ereignissteuerung ermöglicht, die gelisteten Ereignisse in der richtigen zeitlichen Reihenfolge abzuarbeiten. Für jedes Ereignis steht fest, zu welchem Zeitpunkt es eintritt und welche Systemveränderung es bewirkt. Während des Simulationslaufs wird die Ereignisliste permanent aktualisiert.

Moderne Simulations-Softwaresysteme, die in den Bereichen Produktion und Logistik eingesetzt werden, sind i.d.R. modular aufgebaut.

Wichtige Kennzeichen dieser Systeme sind zudem etwa:

- die Verwendung von Standard-Modellierungsbausteinen u.a. für Ressourcen und Steuerungen,

- die graphische Benutzeroberfläche,
- Animationsfunktionen,
- Statistikfunktionen und Generatoren für das Reporting (Tabellen, Grafiken) sowie
- individuell programmierbare Methodenbausteine für spezielle Steuerungs- und Auswertungsaufgaben (Bangsow 2008, S. 89ff.).

Entscheidungsunterstützung ist ein wichtiges Merkmal des Managementwerkzeugs Simulation. Durch Möglichkeiten der Visualisierung können komplexe Sachverhalte verständlich dargestellt werden. Zudem bietet das Vorliegen eines digitalen Modells die Möglichkeit, unterschiedliche, vom Entscheider festgelegte Szenarien, in Experimenten flexibel zu analysieren, und diese über Reporting-Funktionen auswerten zu lassen.

Abbildung 19 zeigt den idealtypischen Ablauf eines Simulationsprojekts. Idealtypisch heißt hierbei, dass der Projektablauf in unterschiedliche Phasen aufgeteilt ist, die sukzessive durchlaufen werden. Im Einzelnen handelt es sich hier um sechs Phasen: Problemdefinition, Systemanalyse, Modellerstellung, Modellbestätigung, Experimentierphase und Ergebnisauswertung. Da sich im Projektablauf immer wieder neue Erkenntnisse ergeben, sind Rückkopplungen zu berücksichtigen. Diese können zwischen direkt aufeinander folgenden Phasen, aber auch zwischen weiter auseinander liegenden Projektphasen erforderlich sein.

Umfassende Darstellungen zu weiteren Vorgehensmodellen finden sich etwa bei Rabe u.a. (Rabe u.a. 2008, S. 27ff.).

Die Simulation wird als Werkzeug insbesondere in der Ist- und Soll-Konzepterstellung eingesetzt. Entsprechend hat der oben dargestellte Ablauf eines Simulationsprojekts Teilprojektcharakter. Das Simulationsprojekt ist eingebunden in einen Gesamtprojektzusammenhang. Neben der Erfüllung der Qualitätskriterien, die die Simulation selbst betreffen, sind auch die Auswirkungen auf den Gesamtprojektverlauf zu beachten. Hierzu zählen z.B. zeitliche und auch budgetbezogene Restriktionen.

Schwerpunkt der weiteren Ausführungen bildet jedoch das Simulationsprojekt selbst. Zentrale Bedeutung kommt hierbei der Absicherung der Modelle und der beschafften Daten zu. Die Nachweisführung hierüber ist wesentliche Voraussetzung für die Glaubwürdigkeit der erzielten Ergebnisse, die in die Entscheidungsfindung – neben anderen quantitativen und qualitativen Faktoren – mit einfließen.

Abb. 19: Idealtypischer Verlauf eines Simulationsprojekts

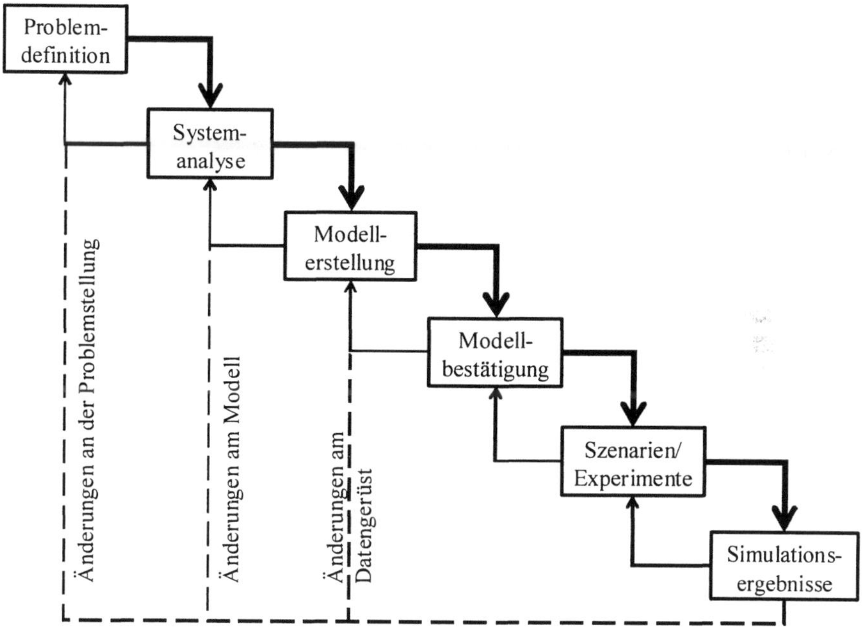

Quelle: eigene Darstellung in Anlehnung an Kadachi (2004), S.23f.

4.3 Vorgehensweise und Modellbildung

Die Durchführung von Simulationsstudien zur Erreichung der vorstehend dargestellten Ziele erfordert ein hohes Maß an Professionalisierung (Rabe u.a. 2008, S. 1f.). Voraussetzung ist die Absicherung der Durchführung und der Ergebnisgewinnung. Die bei der Vorgehensweise zu berücksichtigenden Qualitätskriterien werden im Folgenden kurz betrachtet.

Die hohen Anforderungen an die Durchführung von Simulationsstudien resultieren aus dem Modellierungsbedarf von Prozessen, die z.B. verflochten sind, synchronisiert ablaufen und Unsicherheiten aufweisen. Wie in anderen Disziplinen auch, steigt damit der Bedarf nach Anwendung von Methoden zur Sicherstellung der Qualität. Ein grundlegender Baustein stellt hierbei das Verständnis aller Projektbeteiligten für die Begrifflichkeit der Qualität dar. In diesem Zusammenhang sei u.a. auf die Begriffsfassung der ISO zum Qualitätsmanagement[4] hingewiesen. Für die weiteren Ausführungen wird in Anlehnung an das Vorgehen im Softwa-

[4] Qualität ist die Gesamtheit von Merkmalen (und Merkmalswerten) einer Einheit bezüglich ihrer Eignung, festgelegte und vorausgesagte Erfordernisse zu erfüllen (vgl. dazu auch ISO-Norm EN ISO 9000:2005).

reengineering auf eine Definition von Balzert zurückgegriffen. Balzert sieht Qualität als „... die anhand von vorgegebenen, vereinbarten oder erwarteten Merkmalen gemessene Eigenschaft einer Einheit ...“ (Balzert 2008, S. 460).

Im Kontext mit der Durchführung von Simulationsprojekten sind folgende Punkte als relevant für deren qualitative Absicherung einzustufen (Wenzel u.a. 2008, S. 4ff.):

- Sorgfältige Projektvorbereitung:

  Durch Entscheidungen zu den nachfolgenden Fragestellungen, werden schon in einer frühen Phase der Simulationsstudie entscheidende Weichenstellungen vorgenommen, die für die spätere Qualität des Projekts wichtig sind: Überprüfung der Simulationswürdigkeit, Feststellung der Akzeptanz, Entscheidung über interne oder externe Vergabe des Projekts, Definition der Aufgabenstellung sowie Auswahl des Simulationswerkzeugs.

- Konsequente Dokumentation

  Eine durchgängige Dokumentation aller (Teil-) Aktivitäten ist, wie auch in anderen Disziplinen (z.B. im Rahmen des Softwareengineering), für die Nachvollziehbarkeit erforderlich (z.B. auch zum Zwecke der späteren Wartung).

- Durchgängige Verifikation und Validierung

  Die Konsistenzüberprüfung zum definierten Projektauftrag ist in jeder Projektphase durchzuführen. Sie dient neben der eigentlichen Qualitätssicherung auch zur Vertrauensgewinnung und Überzeugung des Projektabnehmers und späteren Anwenders. Im Mittelpunkt steht hier die Korrektheit des erstellten Produktes.

- Kontinuierliche Integration des Auftraggebers

  Die Ziel- und Ergebniskommunikation im Zusammenspiel der beteiligten Parteien ermöglicht es, das Projekt aktiv zu steuern und auftretende Herausforderungen im Konsens zu lösen. Hierbei ist neben der Verwendung der üblichen Kommunikationstechniken erhöhter Wert auf ein gemeinsames Domänenwissen zu legen. Dieses ist geprägt durch ein einheitliches (Fach-)Vokabular. Zur Unterstützung steht hierfür etwa das Modell der „Ubiquitous Language“ zur Verfügung, das im Rahmen des „Domain-Driven Designs“ Anwendung findet (Evans 2003).

- Systematische Projektdurchführung

  Zur Sicherstellung der Qualität sind zudem nachfolgende Aspekte relevant: Ableitung von Handlungsempfehlungen mittels Checklisten, Ermittlung von potentiellen Gestaltungsvarianten, Aufbau eines Bewertungskonzepts zur vergleichenden Bewertung der ermittelten Gestaltungsvorschläge.

Die hier dargestellten Qualitätskriterien einer sorgfältigen Projektvorbereitung, -durchführung und -kontrolle von Simulationsstudien sind auch Bestandteil von gängigen, allgemeinen Projektmanagementkonzepten. Mit Blick auf die bereits vorstehend dargestellten hohen Anforderungen an die Modellbildung und Datenbeschaffung zur modellhaften Abbildung komplexer Produktions- und Logistiksysteme, kommt der Verifikation und Validierung in Simulationsprojekten besondere Bedeutung zu. In der folgenden Betrachtung stehen diese Aspekte daher im Mittelpunkt.

Abbildung 20 gibt eine Übersicht zu den Begriffen Validierung, Verifikation, Test und Zertifizierung.

Abb. 20: Begriffsübersicht

Begriff	**Erläuterung**
Verifikation	Prozess zur Sicherstellung der ausreichenden Korrektheit bei Modelltransformationen.
Validierung	Prozess zur Sicherstellung der ausreichenden Korrektheit des Modells für die aufgestellte Problemdefinition.
Test	Mittel zur Durchführung der Verifikation und Validierung.
Zertifizierung	Überprüfung auf Erfüllung der zu lösenden Problemdefinition durch eine unabhängige, dritte Partei.

Quelle: Zusammenstellung in Anlehnung an Balci (2003), S. 1f.

Innerhalb der Literatur wird die Frage *„Ist das Modell richtig?"* zur Verifikation des Modells angewandt (Davis 1992, S. 4). Sie kommt bei Modelltransformationen, wie etwa der Übertragung des konzeptionellen Modells auf ein Computermodell, zum Tragen. Diese Überprüfung wird als formaler Nachweis der Korrektheit des Simulationsmodells angesehen. Gleichzeitig wird dieser Nachweis aber im Falle komplexer Simulationsmodelle durch die angestrebte, hinreichende Genauigkeit aufgeweicht (Rabe u.a. 2008, S. 14). Ein formaler Nachweis zur Korrektheit ist in den meisten Fällen nicht möglich (Dijkstra 1970, S. 7). Es kann aber davon ausgegangen werden, dass sich Beweise zu trivialen Modellen führen lassen können. Entsprechend ist es nicht Ziel der Verifikation und Validierung einen formalen Nachweis der Validität eines Modells zu erbringen, sondern dessen Glaubwürdigkeit zu bestätigen oder im negativen Falle auch in Frage zu stellen (Rabe u.a. 2008, S. 1f.).

Neben der Sicherstellung der Richtigkeit der Modelltransformation, ist eine Überprüfung durchzuführen, die auf die Erfüllung der Problemdefinition gerichtet ist.

D.h. es ist die Frage zu stellen: *„Ist es das richtige Modell?“* (Robinson 1997, S. 53). Zu beachten ist, dass neben dem Modell auch die genutzten Daten validiert werden müssen (Robinson 1997, S. 56). Eine differenzierte Analyse von Datenquellen findet sich unter anderem bei Spieckermann und Wortmann (Spieckermann/Wortmann 2003, S. 52ff.).

Eine Simulationsstudie auf Basis von fehlerhaften bzw. nicht validen Annahmen, zieht auch ein Infragestellen der gewonnenen Ergebnisse nach sich. Mit der Beschränkung auf einen vorgegebenen Modellzweck lassen sich Situationen und entsprechende Bedingungen herausarbeiten, die zum Validieren des Modells herangezogen werden können. In der Literatur sind unterschiedliche Validierungstechniken zu finden. Einen ausführlichen Überblick bieten z.B. Balci (Balci 1997, S. 139ff.) und Rabe u.a. (Rabe u.a. 2008, S. 93ff.).

Tests sind Hilfsmittel für den Vollzug des Verifizierungs- und Validierungsprozesses. Hierbei kann nach Überprüfungen der sachlichen, funktionellen und technischen Korrektheit unterschieden werden. Eine eindeutige Zuordnung der Verifikation oder der Validierung kann nicht getroffen werden. Das Vergleichen von gemessenen und simulierten Daten zieht bei einem negativen Testergebnis weitere Überprüfungen nach sich. Zum einen ist zu prüfen, ob dieses Ergebnis das Resultat falscher Annahmen ist (Validierung) oder ob dieses in einer unzureichenden Umsetzung von korrekten Annahmen (Verifikation) begründet ist. Eine Überprüfung kann sich somit auf die Systemanalyse sowie die Modellerstellung beziehen (Rabe u.a. 2008, S. 16f.)

Die Zertifizierung dient einer nachweisbar kontrollierten Abnahme des erstellten Produktes. Aufgrund der damit verbundenen Kosten wird in der Praxis häufig von einer externen Quelle abgesehen. Eine Art der vereinfachten Zertifizierung stellt die abschließende Modellabnahme durch den Auftraggeber dar. Dieses Vorgehen birgt Risiken, die durch das genutzte Vorgehensmodell und die eingesetzten Validierungstechniken abgefangen werden müssen. Zusätzlich wirft die Einbindung von Dritten weitere Fragestellungen, wie die nach dem dafür geeigneten Personenkreis, auf und erschwert somit die Durchführung (Rabe u.a. 2008, S. 18)

Da ein vollständiger Nachweis der Korrektheit des Modells i.d.R. nicht erbracht werden kann, dienen diese Absicherungsmaßnahmen der Steigerung des Vertrauens der beteiligten Partner in die Projektdurchführung und das erstellte Produkt. Zusätzliche Bewertungskriterien werden unter anderem von Balci aufgestellt (Balci u.a. 2000, S. 829ff.). Hierbei gilt, dass die Anwendbarkeit des Modells, bezogen auf die formulierte Problemdefinition, so weit wie nötig bewiesen werden sollte (Robinson 1997, S. 53).

Abbildung 21 stellt den Zusammenhang zwischen den Faktoren Kosten, Nutzervertrauen und Wert des Modells für den Nutzer dar (Sargent 2005, S. 130f.). Es kann davon ausgegangen werden, dass eine vollständige Validierung und Verifikation einer Simulationsstudie – soweit dies überhaupt möglich ist – in den meisten Fällen zu kostenintensiv ist. Häufig wird die Beweisführung nur bis zu einem gewissen – den Nutzer zufriedenstellenden – Grad durchgeführt.

Abb. 21: Kosten- und Nutzenfunktion zur Modellzufriedenheit

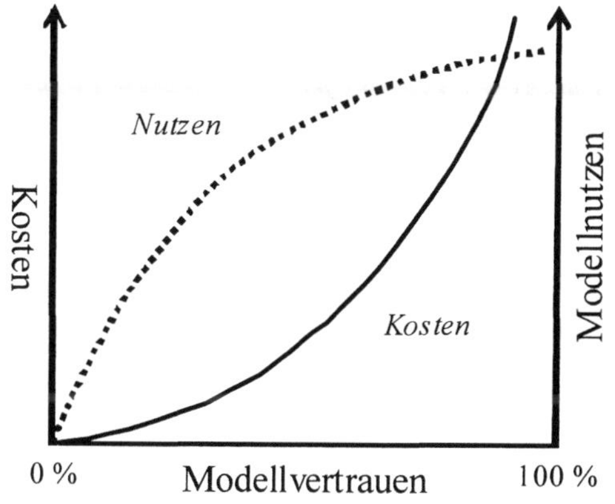

Quelle: in Anlehnung an Sargent (2005), S. 131.

Abbildung 22 zeigt die Einbindung des Verifikations- und Validierungsprozesses in den Verlauf eines Simulationsprojekts. Der Absicherung kommt somit eine zentrale Bedeutung zu. Ziel ist die Schaffung eines durchgängigen Evaluierungsprozesses im Projektverlauf.

Der in Abbildung 20 eingeführte idealtypische Projektverlauf wird zusätzlich noch um einen Schritt erweitert. Die Datenbeschaffung ist ein erfolgskritischer Faktor, so dass dieser mit Blick auf die Absicherung der Simulationsergebnisse, ergänzend eingeführt wird.

Der iterative Charakter des Projektverlaufs einer Simulationsstudie wird durch den Testprozess noch verstärkt. So ist jede Phase mit einer Überprüfung abzuschließen. Eventuelle Fehler und deren Bereinigung haben evtl. Einfluss auf alle zuvor ermittelten Ergebnisse. Die hiermit gewährleistete Einbindung der Qualitätskontrolle in alle Projektphasen einer Simulationsstudie ermöglicht adäquate Fehlerbehebungen und ist somit auch ein Bestandteil des Risikomanagements. Evaluierungsprozesse inklusive der Verifikation und der Validierung sind damit ein zentraler Bestandteil im Verlauf eines Simulationsprojekts.

Neben rein quantitativen Überprüfungen der fixierten Ziele, sind in der Praxis vor allem auch die *Softskills* der Projektverantwortlichen gefragt. Die von Liebl aufgelisteten sieben sogenannten *Todsünden der Simulation* beinhalten insbesondere unzureichende Ergebnispräsentationen (Liebl 1995, S. 222ff.). Ergänzend weist Robinson im Zusammenhang mit der Qualität von Simulationsprojekten auch auf die Verantwortung, Glaubwürdigkeit, Verlässlichkeit und die Professionalität des Modellierers hin (Robinson 2004, S. 206).

Abb. 22: Durchgängige Evaluierungsaktivitäten im Verlauf eines Simulationsprojekts

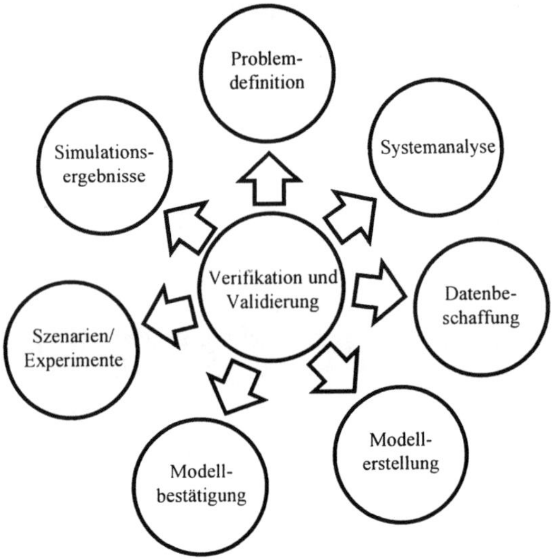

Quelle: eigene Darstellung in Anlehnung an Kadachi (2004), S. 23f. und Rabe u.a. (2008), S. 5ff.

4.4 Anwendungsfall: Simulation eines Lagersystems im Projekt SUCULOG

Die Integration von Produktions- und Logistikprozessen zwischen Unternehmen schreitet weiter voran. Neben großen Unternehmen sind zunehmend auch mittelständische Betriebe von den Trends der Globalisierung und Vernetzung betroffen. Als Konsequenz aus den hieraus entstehenden Beschaffungs-, Produktions- und Distributionsnetzwerken, nehmen auch die Anforderungen, die an Bereitstellungs- und Sequenzierungssysteme gestellt werden, weiter zu. In diesem Kontext wächst auch die Bedeutung der bedarfssynchronen und sequenzgenauen Bereitstellung von Halb- und Fertigwaren (Siestrup/Bartkowiak /Haasis 2007, S. 120ff.).

Gegenstand des Verbundprojekts SUCULOG („Sustainable Net-by-Cube Logistics“)[5] ist die Analyse und Bewertung der Potentiale einer neu entwickelten und patentierten Sortierzelle (dem sog. „CubeSorter“). Grundsätzlich sind Lösungen für den Einsatz der Sortierzelle denkbar, die funktional auf eine verbesserte Bereitstellungs- und Sequenzierung abzielen. Potenziale der Sortierzelle werden

[5] Das Verbundprojekt SUCULOG (Sustainable Net-by-Cube Logistics): finanziert aus Mitteln der BMBF-Fördermaßnahme „Innovationen als Schlüssel zur Nachhaltigkeit in der Wirtschaft“. Projektleitung: Universität Bremen, Lehrstuhl für Allgemeine Betriebswirtschaftslehre, Produktionswirtschaft und Industriebetriebslehre (Prof. Dr. H.-D. Haasis).

sowohl für eine Verwendung in unternehmensinternen Prozessen wie auch für einem Einsatz als Bindeglied zwischen externen Partnern gesehen. Im vorliegenden Simulationsprojekt steht der intra-logistische Einsatz im Anwendungsbereich Automotive im Fokus. Funktionen der Sortierzelle sind die kurzfristige Pufferung von zugelieferten Gütern sowie deren bedarfsorientierte Sequenzierung und Bereitstellung für die getaktete Fließproduktionslinie eines Herstellers für Sitzsysteme.

Im Gesamtprojektverlauf sind durch die Projektbeteiligten unterschiedliche Aufgaben zu lösen. Ziel ist es, den technischen Konzeptentwurf der flexibel und modular aufgebauten Logistikzelle, zu konkretisieren und die Einsatzpotenziale zu bewerten. Die Tätigkeitsfelder reichen dabei u.a. von der Entwicklung eines Algorithmus zur Optimierung der Lagerplatzzuordnung über interne Steuerungsstrategien bis hin zur Untersuchung der konkreten technischen Umsetzbarkeit in Form eines Demonstrators.

Planungsbegleitend sind rechnergestützte Simulationsanalysen durchzuführen, um die Leistungsfähigkeit alternativer Supply Chain Szenarien mit eingebetteter Sortierzelle zu ermitteln. Als Anwendungspartner steht ein Automobilzulieferer zur Verfügung. Der betrachtete Lagerhaltungs- und Bereitstellungsprozess ist für eine zugelieferte Baugruppe (Blenden-Set) zur JIT-Produktionsstraße für Fahrzeugsitze hinsichtlich einer Ergänzung um eine „Cube-Sorter"-Lösung zu bewerten.

Ein relevanter Prozessausschnitt der Sitzmontage ist für die Modellierung des Ist-Zustands auszuwählen. Ziel ist es, die Integration des „CubeSorters" für den Teilprozess der *Blenden-Set-Pufferung und -Bereitstellung* zu prüfen und das bestehende manuelle Komponentenlager sowie den bestehenden Bereitstellungsprozess abzulösen (vgl. Abbildung 23).

Abb. 23: Einbettung des „CubeSorters"

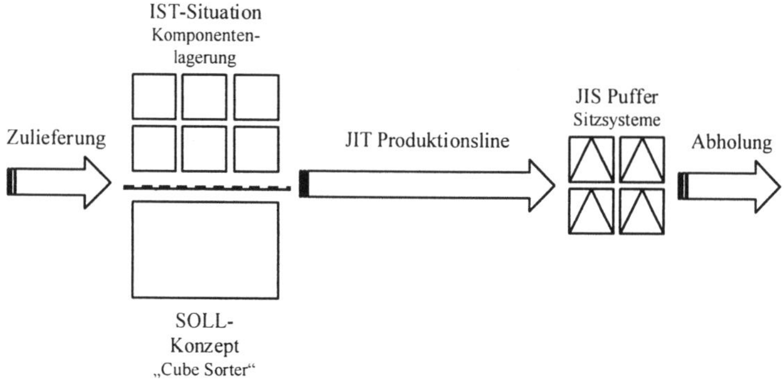

Quelle: eigene Darstellung

Auf den Ablauf der Simulationsstudie wird im Folgenden weiter eingegangen. Abbildung 24 stellt zunächst die Zuordnung der Verantwortlichkeiten (Verantwortung, Mitarbeit und Informationsweitergabe), gegliedert nach Auftraggeber und Auftragnehmer, zu den einzelnen Projektphasen dar.

Abb. 24: Zuordnung der Verantwortlichkeiten im Projekt

Phase	Aufgabenträger	
	Auftraggeber	Auftragnehmer
Problemdefinition	I, M	V, M
Systemanalyse	I, (M)	V, M
Datenbeschaffung	I, M	V, M
Modellerstellung	(I)	V, M
Modellbestätigung	V, M	(I), M
Szenarien/Experimente	I, (M)	V, M
Simulationsergebnisse	(I)	V, M

V = Verantwortung, M = Mitarbeit, I = Informationsweitergabe, () = Eingeschränkte Einbindung
Quelle: Darstellung in Anlehnung an Wenzel u.a. (2008), S.10.

Abbildung 26 gibt einen Überblick über den Ablauf der Phasen Problemstellung, Systemanalyse, Datenbeschaffung und Modellerstellung. Mithilfe des ausgewählten Simulationswerkzeuges ist das konzeptionelle Modell auf ein Computermodell übertragbar. Tests zur Verifikation und Validierung sind durchzuführen. Das Ist-Modell ist durch den Auftraggeber abzunehmen und dient im nächsten Schritt als Ausgangsbasis für die Einbettung der Sortierzelle (Soll-Konzept).

Für das Soll-Konzept sind Schnittstellen zu implementieren, die eine Kommunikation mit dem eingebetteten Simulationsmodell des „CubeSorters" ermöglichen. Dieses zweite Simulationsmodell wird von einem Projektpartner bereitgestellt und in die Architektur eingebunden. Die Kommunikation zwischen beiden Simulationsstudien erfolgt über wohldefinierte Schnittstellen. Hierbei werden die Systeme jeweils vom nutzenden System als eine *Blackbox* angesehen. Definition und Implementierung erfolgen nach dem Prinzip der Komponentenerstellung (Siedersleben 2004, 42ff.).

Abb. 25: Zusammenspiel der Simulationsstudien

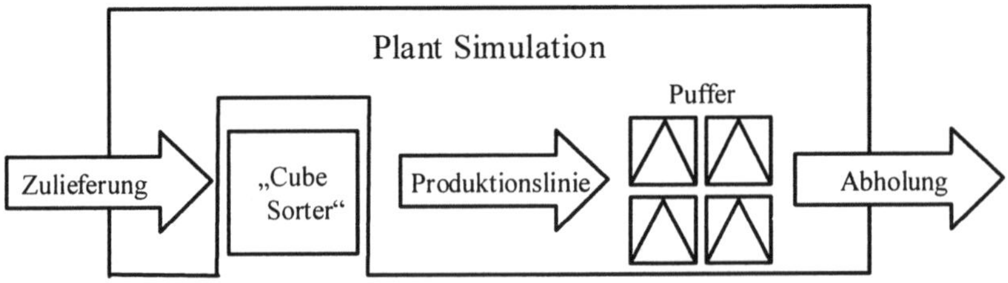

Quelle: eigene Darstellung

Abb. 26: Beschreibung der Phaseninhalte, Teil 1

Phasen	**Inhalte**
Problemdefinition	Schwachstellen des bestehenden Systems sowie die Potenziale der neuen Sortierzelle führen zu einer Überprüfung der aktuellen Situation. Ziel ist die Erstellung eines Systemvergleichs zwischen dem Ist-Zustand und dem mittels des „CubeSorter"-Einsatzes angestrebten Soll-Zustand. Hierzu ist das Produktions- und Logistiksystem in Bezug auf seinen Materialfluss aufzunehmen und auf ein Computermodell zu übertragen. Relevante Partner in der Wertkette sind in die Untersuchungen einzubeziehen.
Systemanalyse	Die Analyse der durch den Auftraggeber gelieferten Prozessdokumentation bildet den ersten Schritt der Systemaufnahme. Hierfür ist der für die Problemstellung relevante Prozessausschnitt aufzunehmen. Ein einheitlicher Sprachraum ist als Grundlage für die weitere Kommunikation im Projektverlauf herzustellen. Mithilfe des resultierenden Prozessverständnisses kann ein erstes, konzeptionelles Modell entwickelt werden.
Datenbeschaffung	Gespräche mit Mitarbeitern und Prozessverantwortlichen sowie die Auswertung von Vergangenheitsdaten bilden die Basis für die Datenbeschaffung. Dies bezieht sich auf Daten der Inputseite (Zulieferdaten, wie z.B. Anliefermodi), auf das betrachtete interne Produktions- und Logistiksystem des Automotive-Unternehmens und auf die Outputseite (Kundendaten, wie z.B. Perlenketteninformationen). Weitere wichtige Daten für die Modellbildung sind in diesem Fall z.B. Prozesszeiten (Bearbeitungs-, Rüst- und Übergangszeiten) sowie Ausfallraten, Kapazitäten etc. Hinzu kommen produktbezogene Informationen zum Variantenspektrum. Während ein Großteil der Informationen i.d.R. aus bestehenden ERP-Systemen direkt ausgewertet werden kann, sind andere Daten nur über spezielle Auswertungen verfügbar. Teilweise müssen die Daten, wenn diese nicht systemisch vorgehalten werden, auch manuell erfasst werden.
Modellerstellung	Eine Softwareauswahl im Bereich der Simulationswerkzeuge ergibt sich aus den Anforderungen des Anwendungsfalls. Für dieses Projekt wird das Produkt „Plant Simulation" genutzt.

Quelle: eigene Darstellung

Mit dem Start dieser kombinierten Simulation werden Daten nach der Erzeugung der jeweiligen Simulationsobjekte und deren Überprüfung von dem „Plant Simulation"-Modell an das „CubeSorter"-Modell zur Weiterverarbeitung übergeben.

Die Systemgrenze wird, wie in Abbildung 25 dargestellt, durch die Simulationsstudie des „CubeSorters" gezogen.

Abb. 27: Beschreibung der Phaseninhalte, Teil 2

Phasen	**Inhalte**
Modellbestätigung	Die Modellbestätigung erfolgt durch unterschiedliche Techniken. Die ermittelten Ergebnisse werden mit den Ergebnissen des Ist-/ Soll-Modells verglichen und basieren auf dem Prinzip des Vergleichs mit anderen Modellen. Ein weiterer Punkt zur Absicherung der Ergebnisse bildet das Vergleichen der Ergebnisse des Ist-Modells mit Vergangenheitswerten des realen Systems. Einzelne Bereiche der Simulation werden herausgegriffen und in ihrem (zeitlichen) Verhalten auch visuell überprüft. Dies betrifft insbesondere den Teileverbrauch der Blenden-Sets an der Produktionslinie. Für den Ereignisvaliditätstest kann die Menge an fehlerhaften Teilen und deren Rücklauf im Ist-Modell mit den Vergangenheitswerten des realen Systems verglichen werden. Für die abgesicherte Entwicklung der Schnittstellen und für die über diese Schnittstellen ausgetauschten Datensätze ist eine Überprüfung der Funktion erforderlich. Möglich ist dies mittels einer Validierung im Dialog mit dem Partner.
Szenarien/ Experimente	Als Szenarien sind speziell abgestimmte Gestaltungsvorschläge für das Ist- und insbesondere für das Soll-Modell zu erstellen.
Ergebnisse	Die in den Experimenten ermittelten Ergebnisse dienen dem Vergleich von Ist- und Soll-Situation. Relevante Beurteilungsparameter sind in diesem Anwendungsfall Prozesszeiten, die Prozessqualität sowie die Prozesskosten. Aufgrund der Zielstellung, das Cube-Sorter-Konzept in einem JIT-Umfeld auf Einsetzbarkeit zu prüfen, liegt der Schwerpunkt auf der Prüfung der Leistungsfähigkeit und damit primär auf der Prüfung des zeitlichen Verhaltens.

Quelle: eigene Darstellung

Der Transfer erfolgt dabei einzeln je Blenden-Set und wird nach der Aufnahme durch den „CubeSorter“ bestätigt, sodass das entsprechende Simulationsobjekt aus dem vorausgehenden System („Plant Simulation“) entfernt werden kann. Auf Basis einer Produktionsliste erfolgt nach der Einlagerung die bedarfsorientierte Ausgabe der Elemente an das „Plant Simulation“-Modell. Diese Objekte, stehen im Folgenden der „Plant Simulation“-Produktionslinie zur Verfügung und werden entsprechend der Kundenabrufe verbraucht. Die Lagerung der Endprodukte und deren Abtransport zum Abnehmer ist nicht Bestandteil des Simulationsumfangs.

4.5 Zusammenfassung

Die Simulation ist mittlerweile ein etabliertes Managementwerkzeug, das zu Planungszwecken angewendet wird. Gründe für den zunehmenden Anwendungsbedarf sind in der steigenden Komplexität moderner Produktions- und Logistiksysteme zu sehen. Komplexitätstreiber sind, wie im Anwendungsfall gezeigt, u.a. die zunehmende Vernetzung der beteiligten Wertschöpfungspartner, eine enge Kopplung der unternehmensübergreifenden Prozesse bei gleichzeitig sinkenden Sicherheitsbeständen, kurze Regellieferzeiten, schnelle Reaktionsfähigkeit sowie ein steigendes Variantenspektrum.

Entsprechend sind leistungsfähige Managementwerkzeuge auf Basis der Simulation erforderlich, um die Planung neuer oder die Überarbeitung bestehender Produktions- und Logistikprozesse zu unterstützen. Der Ablauf einer Simulationsstudie ist durch eine iterative Vorgehensweise geprägt. Zentrale Bedeutung kommt hierbei der Absicherung der erstellten Modelle sowie der verwendeten Daten zu. Moderne Werkzeuge verfügen in der Regel über einen bausteinorientierten Aufbau, allerdings reichen die Standardbausteine alleine meist nicht aus, um komplexe Abläufe mit dem geforderten Detaillierungsgrad darzustellen. Hierfür sind spezielle, individuell programmierbare Bausteine erforderlich. Managementunterstützung resultiert aus den bereitgestellten Ergebnisberichten, vorausgesetzt, dass die Simulation auch als glaubwürdig eingestuft wird. Umfangreiche Absicherungen, die den gesamten Projektablauf flankieren, helfen dies zu erreichen.

Literaturverzeichnis

Andersen, B. (1999): Business Process Improvement Toolbox, ASQ Quality Press: Milwaukee.

Balci, O. (1997): Verification, Validation, and Accreditation of Simulation Models, in: Andradóttir, S./Healy, K. J./Withers, D. H./Nelson, B. L. (Hrsg.): Proceedings of the 1997 Winter Simulation Conference, S. 135-141.

Balci, O./Ormsby, W. F./Carr J. T. III/Saadi, S. D. (2000): Planning for verification, validation, and accreditation of modeling and simulation applications, in: Joines, J. A./Barton, R. R./Kang, K./Fishwick, P. A. (Hrsg): Proceedings of the 2000 Winter Simulation Conference, S. 829-839.

Balci, O. (2003): Verification, Validation, and Certification of Modeling and Simulation Applications, in: Chick, S./Sánchez, P. J./Ferrin, D./Morrice, D. J. (Hrsg.): Proceedings of the 2003 Winter Simulation Conference, Band I, S. 130-143.

Balzert, H. (2008): Lehrbuch der Softwaretechnik: Softwaremanagement, 2. Aufl., Spektrum Akademischer Verlag: Heidelberg.

Bangsow, S. (2008): Fertigungssimulationen mit Plant Simulation und SimTalk: Anwendung und Programmierung mit Beispielen und Lösungen, Hanser: München, Wien.

Becker, M. (1998): Richtlinien zur Simulationsanwendung in Produktion und Logistik, in: Kuhn, A./Rabe, M.: Simulation in Produktion und Logistik: Fallbeispielsammlung, Springer: Berlin, Heidelberg, S. 181-194.

Davis, P. K. (1992): Generalizing concepts and methods of verification, validation, and accreditation (VV&A) for military simulations. RAND, Santa Monica.

Delfmann, W. (2008): Strategisches Logistikmanagement, in: Arnold, D./Isermann, H./Kuhn, A./Tempelmeier, H./Furmans, K. (Hrsg.): Handbuch Logistik, 3. Aufl., Springer: Berlin, Heidelberg, S. 897-945.

Dijkstra, E. W. (1970): Notes on structured programming, 2. Aufl. EWD249 T.H.-Report 70-Wsk-03. TU Eindhoven, Eindhoven.

Evans, E. (2003): Domain-Driven Design: Tackling Complexity in the Heart of Software, Addison Wesley: Longman, Amsterdam.

Gadatsch, A./Mayer, E. (2006): Masterkurs IT-Controlling: Grundlagen und Praxis, 3. Aufl., Vieweg: Wiesbaden.

Kadachi, M. (2004): Kriterien für eine simulationskonforme Abbildung von Materialflußsystemen, Dissertation, Utz: München.

Liebl, F. (1995): Simulation: Problemorientierte Einführung, 2. Aufl., Oldenbourg: München.

Rabe, M./Spieckermann, S./Wenzel, S. (2008): Verifikation und Validierung für die Simulation in Produktion und Logistik: Vorgehensmodelle und Techniken, Springer: Berlin, Heidelberg.

Robinson, S. (1997): Simulation Model Verification and Validation: Increasing the User's Confidence, in: Andradóttir, S./Healy, K. J./Withers, D. H./Nelson, B. L. (Hrsg.): Proceedings of the 1997 Winter Simulation Conference, S. 53-59.

Robinson, S. (2004): Simulation: The Practice of Model Development and Use, John Wiley & Sons: Chichester.

Sargent, R. G. (2005): Verification and Validation of Simulation Models, in: Kuhl, M. E./Steiger, N. M./Armstrong, F. B./Joines, J. A. (Hrsg.): Proceedings of the 2005 Winter Simulation Conference, S. 150-158.

Schmelzer, H. J./Sesselmann, W. (2006): Geschäftsprozessmanagement in der Praxis, 5. Aufl., Hanser: München, Wien.

Schönsleben, P. (2004): Integrales Logistikmanagement: Planung und Steuerung der umfassenden Supply Chain, 4. Aufl., Springer: Berlin u.a.

Siedersleben, J. (2004): Moderne Software-Architektur: Umsichtig planen, robust bauen mit Quasar, Dpunkt: Heidelberg.

Siestrup, G./Bartkowiak, J./Haasis, H.-D. (2007): Simulation-based Design of Sequencing Processes in Automotive Supply Chains, in: Pawar, K. S./Lalwani, C. S./Muffato, M.: Proceedings of the 12th International Symposium on Logistics (ISL), Nottingham, S. 120-125.

Spieckermann, S./Wortmann, D. (2003): Die Simulation von Lackieranlagen in der Automobilindustrie, in: Bayer, J./Collisi, T./Wenzel, S. (Hrsg.), Springer: Berlin u.a., S. 47-59.

Wenzel, S./Weiß, M./Collisi-Böhmer, S./Pitsch, H./Rose, O. (2008): Qualitätskriterien für die Simulation in Produktion und Logistik: Planung und Durchführung von Simulationsstudien, Springer: Berlin, Heidelberg.

5 Agentenbasierte Steuerung flexibler Lagersysteme

Marco Plöger[1]

5.1 Das Lager in einem dynamischen Prozessumfeld

Bei dem Begriff des Lagerns wird vielfach nur an die Aufgabe eines statischen Ablagerns gedacht. Vielmehr liegt die Rechtfertigung der meisten Lagerkapazitäten[2] in der Gewährleistung einer Lieferbereitschaft für mehr oder weniger dynamische Wertschöpfungsprozesse. Für solche schwankenden Wertschöpfungsprozesse besteht aber vorrangig ein Bedarf, anstelle einer statischen Lagerstätte, Waren an wechselnden Knotenpunkten zwischen zu lagern, wobei erst nach der Wahl der passenden Zwischenstufe im Wertschöpfungsprozess eine passende Lagerstätte für Aus- und Einlagerungen festgelegt wird.[3] So führen Sammellager Teilmengen einer Transportladung zu einer vollständigen Gesamtladung zusammen. Sie sind das Gegenstück von Verteillagern und finden in der City-Logistik zunehmend Anwendung.[4]

Eine traditionelle Anpassung an eine solche Dynamik lag in dem Aufbau großzügiger Bestände. Da dies sehr kostenträchtig ist, sollten für kostensensitive Logistikleistungen alternative Ansätze gesucht werden. Dabei kann der innovative Einsatz von Informationssystemen eine besondere Rolle spielen.

Eine traditionelle Anpassung an eine starke Schwankung von Bestellabrufen lag in dem Aufbau großzügiger Bestände. Aufgrund der hohen Lagerhaltungskosten und einem zunehmenden Wettbewerbsdruck kann eine solche Strategie immer weniger zum Einsatz kommen. Neben Lean Management Konzepten wird seit mehreren Jahren der Transshipment-Ansatz diskutiert.

Um die Vorteile von Transshipments zu erfassen, seien folgende Gedanken vorweggenommen: Charakterisieren lassen sich Lager durch Lagerstufen (vertikale Struktur von Zentrallager, Regionallager, Filiallager) und die Zahl der Lagerhausstandorte (horizontale Struktur). Die Struktur eines Lagerverbundes (mit Zentrallagern und nachgeordneten Regionallagern) hängt von der räumlichen Anordnung der Abnehmerregionen, der Präsenz in den Märkten und den akzeptierten Lieferzeiten ab.[5] Je mehr Regional-/Filiallager auf ein Zentrallager zugreifen, desto mehr gleichen sich Nachfrageschwankungen aus, dem jedoch höhere Transportkosten gegenüberstehen.[6] Der Effekt der Aggregation fällt dabei im besonderen

---

[1] Dipl.-Kfm. Marco Plöger, Institut für Seeverkehrswirtschaft und Logistik (ISL); Teile dieses Kapitels basieren auf dem Beitrag von Plöger/Haasis/Siestrup (2008).

[2] Antizipativ- und Produktivitätslager bleiben hier außer Betracht, vgl. Kapitel 1.2.

[3] Vgl. Pfohl (2004), S. 10.

[4] Vgl. Jünemann/Schmidt (1999), S. 43.

[5] Vgl. o. V. (2001), S. 15.

[6] Vgl. Stölzle/Heusler/Karrer (2004), S. 46 f.

Maße für langsam drehende Artikel ins Gewicht.[7] Den Vorteilen eines Zentrallagers (hoher Flächen- und Raumnutzungsgrad, geringe Grundstücks- und Gebäudekosten, Größendegressionseffekte und rentablerer Einsatz hochautomatisierter Lager- und Fördertechnik, bessere Überwachungs- und Kontrollmöglichkeiten, Personalkosteneinsparungen, geringere Sicherheitsbestände, bessere Anlagenausnutzung, niedrigere Verwaltungskosten und niedrigere Aufwand für Sicherungs- und Auditmaßnahmen, hohe Umschlagshäufigkeit) stehen ebenfalls Nachteile gegenüber (lange Transportstrecken führen zu höheren Transportkosten und Transportdauern mit einhergehend geringerer Flexibilität bei kurzfristigen und unvorhergesehenen Aufträgen und einer bedarfsfernen Disposition in der Zentrale).[8]

Als eine Mischform der Ansätze Lagerhaltung und Prozessoptimierung können virtuelle Lager gesehen werden. Virtuelle Lager bestehen aus mehreren kleinen lokalen Lagern, die sich einen Gesamtbestand an Teilen und Gütern arbeitsteilig aufteilen und Erfordernisse für selten abgerufene Teile und Exoten, sowie aufwändig zu lagernden Teilen (z. B. wegen Erfordernis von speziellen Ladungsträgern oder Übergröße, so dass sie nicht in standardisierte Lagerbereiche passen) durch Transshipments einander beliefern. Algorithmen sorgen für eine ausbalancierte Bestandshaltung hinsichtlich Bestandshöhe und vorhaltende Standorte (ein Überhang wird zu einem Standort versand, der einen aktuellen oder zu erwartenden Bedarf hat), so dass ein wirtschaftlicher Kompromiss zwischen Lieferbereitschaft und Bestandshöhe gefunden wird. Dabei werden im Bedarfsfall Waren mit innerbetrieblichen Verkehren (bzw. zwischen den einzelnen Lagerstandorten) umverteilt, um die genannten Zielgrößen einzuhalten.[9]

Die Funktion von Transshipment-Transporten ist der kurzfristige Ausgleich von Beständen, um sicherzustellen, dass eine hinreichende Bestandsmenge an jedem Lagerort ist, um Bedarfe rechtzeitig zu bedienen. Dadurch entstehen zusätzliche Kosten – allen voran Transportkosten und Handhabungskosten sowie Kosten eines Informationssystems zur Entscheidungsunterstützung bei Umladungsprozessen. Diese Kosten treten aber regelmäßig hinter den Kosten einer höheren Bestandshaltung in allen Lagerstandorten und den Opportunitätskosten entgangener Umsätze, Kundenverluste und Produktionsstillstände zurück.[10] Denn im Umkehrschluss zum Gesetz der großen Zahlen – unter Annahme stochastischer Nachfrage – nimmt bei Verringerung der Grundgesamtheit die Varianz im Verhältnis zum Mittelwert zu. Die ökonomische Folge ist, dass bei gegebenen Servicegrad durch

---

[7] Vgl. Tempelmeier (2006), S. 156; Vahrenkamp (2007), S. 198 f. Vahrenkamp (2007) empfiehlt dabei ergänzend für selten in Anspruch genommene Waren eine Eillieferversorgung einzurichten, um hohe Sicherheitsbestände zu vermeiden, ebd., S. 197.

[8] Vgl. Stölzle/Heusler/Karrer (2004), S. 47; Schulte (1996), S. 236.

[9] Vgl. Landers et al. (2000), S. 116 f.; Wong/Cattrysse/van Oudheusden (2005), S. 208; Kukreja und Schmidt geben einen Überblick über die umfangreiche Literatur dieses Forschungsfeldes, vgl. Kukreja/Schmidt (2005), S. 2060 f.

[10] Vgl. Needham/Evers (1998), S. 149.

Dezentralisierung von Lagerbeständen der Sicherheitsbestand proportional zum Quadrat der Anzahl ausgelagerter Lagerstandorte anwachsen muss.[11] Das hat eine hohe praktische Relevanz, da die meisten Artikel in großen Lagern nur eine sporadische Nachfrage aufweisen.[12] Ein Pooling dieser Artikel mit kurzfristigen Transferlieferungen an andere Lagerstandorte bringt gerade für solche Artikel erhebliche Einsparungen, da nicht redundant hohe Bestände für nur sporadisch nachgefragte Güter vorgehalten werden müssen bzw. lokale Fehlmengen aufgrund zu niedriger Bestände ausgeglichen werden können.[13] Ein solcher Ansatz schafft in Konstellationen mit hoher Produktkomplexität, höherem Bedarf an zuverlässiger Verfügbarkeit einzelner Komponenten und entsprechend Einhaltung eines hohen Kundenservicegrad einen Wettbewerbsvorteil.[14]

Ebenso kann Inventarpooling eine große Rolle bei Ausrüstungsgegenständen spielen, die sehr teuer und zugleich Kunden hochsensibel bei der Verfügbarkeit reagieren (die gilt im besonderen Maße z. B. bei Fluglinien und deren Ersatzteillieferungen).[15] Zuletzt lohnt sich ein Bestandsausgleich auf einer späten Stufe der Supply Chain, wenn die Belieferungszeiten extrem lang sind (aufgrund von großer geographischer Distanz des Herstellers oder geringer Nachfrage in Verbindung mit einer hohen Varietät der Produkte).[16] So versorgt ein Zentrallager bei besonders teuren oder selten nachgefragten Waren dezentrale Lager.[17] Diese können auch die Form von externen Just-in-Time-Lagern haben. Um kurzfristige Bedarfe des Kunden schnell zu decken, werden Bestände in einem externen Lager in Abnehmernähe vorgehalten.[18] Auch wenn hierdurch bei der Fertigung des Zulieferers mit hohen Losgrößen gearbeitet werden kann, ist zu beachten, dass hier anstelle der Schaffung einer flexiblen Fertigung zur produktionssynchronen Versorgung und damit Bestandssenkung entlang der Wertschöpfungskette zusätzliche Bestandskosten durch Einführung einer weiteren Lagerstufe geschaffen werden. Dadurch werden die Gesamtkosten in der Supply Chain vom Abnehmer auf den Zulieferer verlagert und senken entweder dessen Gewinnmarge oder werden von ihm im Verkaufspreis einkalkuliert und erhöhen dadurch die Beschaffungskosten für den Abnehmer. Über die innerbetriebliche Anwendung hinaus kann ein Transshipmentansatz auch eingebunden sein in eine überbetriebliche Kooperation, wobei die Betriebe durch Transshipment (und damit gemeinsame Nutzung verteilter Bestände) ihre Logistikeffizienz erhöhen wollen und sich flexible Kapazitäten er-

[11] Vgl. Tempelmeier (2006), S. 157; Stölzle/Heusler/Karrer (2004), S. 99.
[12] Vgl. Kukreja/Schmidt (2005), S. 2060.
[13] Vgl. Collier (1982), S.1299; Kukreja/Schmidt (2005), S. 2071.
[14] Vgl. Grahovac/Chakravarty (2001), S. 580.
[15] Vgl. Wong/Cattrysse/van Oudheusden (2005), S. 207.
[16] Vgl. Grahovac/Chakravarty (2001), S. 580.
[17] Vgl. Koether (2001), S. 62.
[18] Vgl. Schulte (1996), S. 238.

schließen, ohne zusätzliche Investitionen in Lagerinfrastruktur und Inventarvermögen tätigen zu müssen.[19]

Die Vorteile des Einsatzes von Transshipment-Konzepten lässt sich wie folgt quantifizieren: Durch Einsatz intelligenter Allokationsalgorithmen konnten Landers et al. (2000) im Rahmen einer empirischen Studie Einsparungen in Transport- und Lagerhaltungskosten von bis zu 46% gegenüber konventionellen Lagerhaltungsmodellen verzeichnen. Analog verzeichneten sie Verkürzungen des Kundenbelieferungszyklus von bis zu 43%.[20] In einem ähnlichen Modell von Kukreja und Schmidt (2005) konnten Einsparungen in Höhe von 31% erzielt werden.[21] Voraussetzung dafür ist, dass Echtzeit-Informationen zu Beständen und Transportmöglichkeiten vorliegen. Mit dem Konzept des Transshipments verbunden ist der Begriff des Shared Warehouse (oder auch Virtual Warehouse). Diese stützen sich auf Informationstechnologie und Echtzeit-Optimierungsalgorithmen, die durch bereichsübergreifend gemeinsames Vorhalten von Beständen und globaler Bestandstransparenz einen Lieferservicegrad bieten, wie jeweils ein vor Ort etabliertes vollwertiges Lagerhaus. Allerdings ist Bedingung für eine effiziente Bestandsallokation mit Transshipment eine vollständige Transparenz bezüglich der aktuellen Bestände in mehreren Lagerstandorten.[22]

5.2 Virtuelle Logistikverbünde und Shared Warehouses

Für das Management von dynamischen Prozessen in komplexen Wertschöpfungsnetzwerken bedarf es einer Entscheidungsunterstützung zur Koordination der verschiedenen Akteure in einer Supply Chain.[23] Während in der Theorie eine Supply Chain als „Kette" sehr einfach erscheint, fließen in der Praxis Materialflüsse in dynamischen, mehrstufigen und mehrpfadigen Netzwerken. Zudem sind die Mehrzahl der Koordinierungsinstrumente für statisch-lineare Konstellationen ausgelegt, während in Supply Chains die Partner, Akteure und Ressourcen fortlaufend fluktuieren und neue Anlagen, Werkzeuge und Fördertechnik in die laufenden Logistikprozesse eingebracht werden.[24] Daher ist eine zentralisierte Planung und Optimierung von Logistikprozessen nahezu unmöglich. Mathematische Kalküle sind in der Lage, lokale Optimierungen vorzunehmen, aber sind aufgrund der prohibitiv hohen Rechnerlaufzeiten und ausufernder Komplexität der Algorithmen

---

[19] Vgl. Wong/Cattrysse/van Oudheusden (2005), S. 207; Wee/Dada (2005), S. 1519.
[20] Vgl. Landers et al. (2000), S. 123.
[21] Vgl. Kukreja/Schmidt (2005), S. 2059.
[22] Vgl. Fung et al. (2005), S. 598. Vgl. auch Zhao/Deshpande/Ryan (2006), S. 548; Wee/Dada (2005), S. 1519.
[23] Vgl. Ito/Abadi (2002), S. 201.
[24] Vgl. Shen/Maturan/Norrie (2000), S. 366.

nicht in der Lage, die übergreifenden Prozesse mit Wechselwirkungen und nichtlinearem Verhalten zufriedenstellend zu optimieren.[25]

So führt der Bedarf an der Berücksichtigung von Echtzeit-Daten dazu, dass Algorithmen, die in Stapelverarbeitung operieren, obsolet werden.[26] Wie in Abbildung 28 veranschaulicht, gibt es verschiedene Ansätze in der wissenschaftlichen Literatur zur Bestandsallokation.

Abb. 28: Allokationsansätze

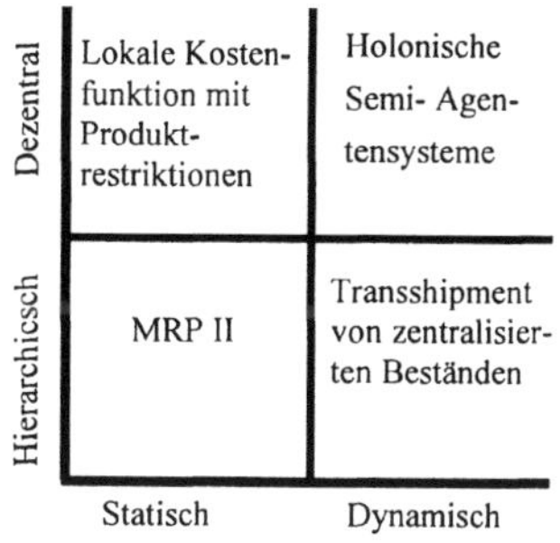

Quelle: Plöger/Haasis/Siestrup (2008), S. 364.

Während hierarchische Planungsmethoden wie MRP II für lokal abgegrenzte und eher stabile Bereiche zur Materialdisposition geeignet sind,[27] ist ihre Abhängigkeit von einem langen stabilen Planungshorizont unzureichend für ein betriebliches Umfeld mit indeterministischen Verhalten, da dynamische Aspekte wie wandernde Engpässe nicht in diesen Konzepten berücksichtigt werden.[28] Zudem sind Maschinenbelegungs- und Fertigungsauftragsplanungen zumeist NP-harte Probleme, die nur schwer mit Algorithmen gelöst werden können, weil die Rechenzeit expotenziell ansteigt.[29]

Gleiches gilt für zentral ablaufende Algorithmen für Transshipments (Ausgleichslieferungen zwischen mehreren dezentralen Bestandslagern) bei drohender Lieferunfähigkeit,[30] welche mathematisch in einem volatilen Umfeld mit einer Vielzahl von Akteuren eine mathematisch nicht mehr handhabbare Komplexität erreichen.[31] McFarlane und Bussmann (2000) identifizieren weitere Planungs- und Allokationskonzepte, welche insbesondere auf Methoden der Lagrange-Relaxtion

---

[25] Vgl. Julka/Srinivasan/Karimi (2002), S. 1760; Caridi/Sianesi (2000), S. 41.
[26] Vgl. Landers et al. (2000), S. 116.
[27] Vgl. Zäpfel (1996a), S. 154 ff.
[28] Vgl. Olhager/Wikner (1998), S. 11.
[29] Vgl. Shen et al. (2006), S. 419.
[30] Vgl. Kukreja/Schmidt (2005) für einen Überblick über aktuelle Forschungstendenzen.
[31] Vgl. Wong et al. (2006), 1091; Kukreja/Schmidt (2005), S. 2062.

zurückgreifen.[32] Diese basieren auf lokalen Kostenfunktionen und unterliegen globalen Produktionsrestriktionen. Aber auch ein solcher Ansatz wird schon für kurze Planungsperioden mathematisch unhandhabbar, wenn Bestände für mehrstufige Wertschöpfungsnetzwerke optimiert werden sollen. Zudem wäre es problematisch, konsistente Restriktionen für räumlich verteilte Akteure zu identifizieren. Dennoch liegt eine Hauptanforderung der dynamischen Bestandsoptimierung in der Echtzeitoptimierung von Szenarios mit räumlich verteilten Akteuren, die in flexiblen und dynamischen Umgebungen interagieren.[33]
Entsprechend büßt ein zentrales Steuersystem seine wesentlichen Vorteile in einem dynamischen Umfeld ein: während in einem stabilen Umfeld das Verhalten aller Elemente vorhersagbar und berechenbar ist, hat in einer veränderlichen Umwelt ein System nur ein statisches Abbild der Vergangenheit, das mit der aktuellen Realität nicht mehr übereinstimmt. Daher sind komplexe Lösungskonzepte mit verteilten Akteuren (deren Zustandekommen nicht mehr analytisch beurteilt werden kann) hierin in dynamischen Umwelten nicht mehr von Nachteil.[34] Es ist in einem konventionellen Planungssystem aufwändig, Ressourcen dynamisch hinzuzufügen, zu löschen oder deren Leistungswerte zu aktualisieren.[35] Hierzu definieren Nimis et al. (2006) konkreter, welche Anforderungen an ein störungsrobustes System gestellt werden sollen: ein System soll als zuverlässig bezeichnet werden, wenn es trotz unvorhergesehener interner oder externer Störungen seinen Betrieb gemäß seiner Spezifikationen aufrecht erhält. Es ist zudem robust, wenn es nicht auf solche Störungen ausgelegt ist. Eine Störung liegt dann vor, wenn ein latenter Fehler erzeugt wird, der nicht dem vorhergesehenen Ablauf entspricht (z. B. falsche Datenspeicherung). Ein effektiver Fehler entsteht, wenn es bei der Leistungserbringung aktiviert wird und ein Versagen herbeiführt. Weitgehend können nur effektive Fehler gehandhabt werden. Fehler können zu einem Totalausfall führen oder nur ein unerwünschtes Prozessergebnis (wie Ausschuss) liefern.[36]

Die Unzufriedenheit mit zentralen Koordinationskonzepten resultiert aus drei grundsätzlichen Schwächen bei der Erzeugung störungsrobuster Pläne in einer dynamischen Umgebung. Zuerst zu nennen ist da ein Steuerungsdefekt, da zentrale Systeme von stabilen Planungsdaten ausgehen, die Umweltbedingungen aber regelmäßig Turbulenzen aufgrund von Schwankungen am Absatzmarkt unterliegen. Weitere Schwankungen in der Produktion und Logistik ergeben sich aus dem Einsatz flexibler Fertigungssysteme, unvorhergesehenen Betriebsmittelausfällen oder anderen Störungen des Betriebsablaufs. Daher sind Fertigungspläne zum

[32] Vgl. hierzu beispielweise Czerwinski/Luh (1994).
[33] Vgl. Adler/Blue (2002), S. 441.
[34] Vgl. Eymann (2003), S. 53 f.
[35] Vgl. Kim et al. (2002), S. 602.
[36] Vgl. Nimis et al. (2006), S. 467 ff.

Zeitpunkt ihrer Umsetzung schon überholt.[37] Dieses prinzipielle Steuerungsversagen zeigt sich beispielsweise in der Nervosität von PPS-Systemen, wenn kurzfristige Änderungen eingeplant werden sollen. Als Gegenmaßnahme treten dann „eingefrorene" Planungsperioden auf (Frozen Period), in denen nicht mehr umgeplant wird. Um diese zu absorbieren, bedarf es zeitlicher Puffer und zusätzlicher Lagermengen, die wiederum zu hohen Durchlaufzeiten und Lagerbeständen führen.[38] Planungs- und Steuerungssysteme können nur dann funktionstüchtig sein, wenn es über die realen Systemzustände nur mit vernachlässigbarer Verzögerung unterrichtet wird.[39]

Weitere Probleme von zentralisierten Planungssystemen liegen in einem Motivationsdefekt, weil Planung und Durchführung von Aufgaben fremdbestimmt bleiben und daher Mitarbeiter im ausführenden Bereich nur geringe Handlungsspielräume bleiben, die sich negativ auf die Arbeitsmotivation (und damit Arbeitsleistung) auswirken.

Der Implementierungsdefekt bei IT-Systemen liegt in der historischen Auslegung von Architekturen auf einen zentralen Mainframe-Rechner mit zentraler Verarbeitung. Diese grundsätzliche Orientierung wurde selbst für aktuelle Systeme häufig nicht geändert, woraus sich ein Portierungshindernis auf die mittlerweile wirtschaftlicheren und flexibleren vernetzten Rechnerarchitekturen (Client-Server-Architekturen oder gleichberechtigte dezentrale Workstations in Netzwerkverbünden) ergibt. Solche dezentrale Organisation der Informationsverarbeitung und Datenhaltung lässt sich nicht mit zentral ausgelegten Applikations-Architekturen abbilden.[40]

Hier ist ein softwarebasiertes Multiagentensystem ein passender Ansatz für verteilte Konstellationen, in denen Koordinationsprobleme gelöst werden müssen, da es sich schnell an wandelnde Konfigurationen anpassen kann. Software-Agenten agieren dezentral, indem sie durch Sensorinput ihre Umwelt erfassen und mittels Aktuatoren auf ihre Umgebung Einfluss ausüben.[41] Ein Software-Agent nimmt nicht seine gesamte Umgebung wahr und kann damit sich nicht seine ganze Umgebung erklären. Ein Agent übt niemals vollkommene Kontrolle über seine Umgebung aus, sondern kann sie nur beeinflussen.[42] Entsprechend beeinflusst die Umgebung das Handeln des Agenten. Die hierdurch entstandene dezentrale Interaktion zwischen Agenten in einem Multiagentensystem ermöglicht die lokale Op-

---

[37] Vgl. Pawelek (2007), S. 101.
[38] Vgl. Zelewski (1998), S. 135.
[39] Vgl. Zäpfel (1996b), S. 226.
[40] Vgl. Zelewski (1998), S. 136.
[41] Vgl. d'Inverno/Luck (2004), S. 3; Eymann (2003), S. 19.
[42] Vgl. Lockemann (2006), S. 23.

timierung der Ressourcenallokation,[43] während zugleich alle Informationen durch das Wertschöpfungsnetzwerk diffundieren können.[44]

Von Vorteil zur Prozessteuerung von dynamischen und komplexen Abläufen ist, dass Software-Agenten Teilaufgaben räumlich verteilt und zeitlich parallel bearbeiten können. Daher können die durch Verarbeitung in zentralen Prozessoren verursachten „von Neumann"-Engpässe überwunden werden. Hierdurch wiederum können Planungsprozesse beschleunigt bzw. Prozessänderungen in Echtzeit eingeplant werden.[45]

Zum Begriff Software-Agent findet sich in der Literatur keine einheitliche Definition. Eine zweckmäßige Begriffsabgrenzung ist die eines gekapselten Computersystems, das in einer Umgebung agiert und dort fähig ist, flexible und selbstständig zu handeln, um seine Ziele zu erreichen. Dazu müssen sie klar identifizierbare Entitäten sein, die Grenzen und Schnittstellen aufweisen. Sie interagieren selbstständig (durch Kontrolle ihres inneren Zustands) mit ihrer Umwelt, sind entworfen, um einen spezifischen Zweck zu erfüllen und können ein flexibles Problemlösungsverhalten zeigen, weil sie auf ihre Umwelt reagieren. Dazu müssen Agenten auch mit anderen Agenten interagieren.[46] Ein Software-Agent ist daher eine eingekapselte Anwendung, die sich in einer Umgebung befindet und die zu flexiblem und autonomem Handeln in der Umgebung fähig ist, um ihre vorgegebenen Ziele zu erfüllen.[47] Zur Erfüllung ihrer Aufgaben müssen sie Aufgaben zerlegen können, diese auf das Gesamtsystem aufteilen und die Lösungen ggf. kombinieren. Agenten nehmen Interessen für die sie repräsentierenden (realen) Objekte wahr. Ebenso wirken sie über verschiedene Koordinationsmechanismen zusammen, um idealerweise eine optimale Gesamtlösung zu erzielen. So berücksichtigten schon frühe Ansätze marktähnliche Mechanismen zur Einlastung von Aufträgen (Nachfrager) in Produktionsprozessen (angebotene Kapazität).[48]

Die hohe Bedeutung für die Möglichkeit der Koordination ist offensichtlich, wenn der interdependente und zeitsensible Charakter von Echtzeit-Koordination in Supply Chains in Betracht gezogen wird.[49] Verschiedene Autoren betrachten die Verwendung von Software-Agenten in der Logistik – vorwiegend mit der Betonung von Planungsproblemen in isolierten Umgebungen.[50] Allerdings bedingt der Unternehmensgrenzen überschreitende Materialfluss, dass organisatorische Schnittstellen überbrückt werden. Daraus ergeben sich nicht nur dezentrale Ent-

---

[43] Vgl. Sugumaran/Dietrich/Kirn (2005), S. 84.
[44] Vgl. Plöger/Haasis/Siestrup (2008), S. 364.
[45] Vgl. Zelewski (1998), S. 138 f.
[46] Vgl. Chan/Swarnkar/Tiwari (2007), S. 1029.
[47] Vgl. Jennings et al. (2001), S. 199.
[48] Vgl. Weigelt (1997), S. 7.
[49] Vgl. Sugumaran/Dietrich/Kirn (2005), S. 86.
[50] Vgl. hierzu Julka/Srinivasan/Karimi (2002); Ito/Abadi (2002); Adler/Blue (2002); Adler et al. (2005) ; Chen/Lu/Chang (2003).

scheidungserfordernisse, sondern auch dezentrale Informationsbedürfnisse. Da lokal die Verfügbarkeit und Existenz von Ressourcen (und Anlagen wie Kranen und Förderern) stetig wechselt, ist es nahezu unmöglich, alle Ressourcen entlang der Supply Chain durchgängig zu überwachen und zwecks Echtzeitoptimierung der Supply Chain in ein hierarchisches Planungssystem zu integrieren. Wie noch zu zeigen sein wird, ist eine aktuelle Topografie der verfügbaren Ressourcen und deren Status obligatorisch für die effektive und effiziente Steuerung eines stetigen Informationsflusses. Hier soll das Lagerhaus als Institution zur Überbrückung von Verzögerungen und Unsicherheit in Prozessen näher betrachtet werden.[51] Denn den Fluss an Gütern in und zwischen Fabriken zu verstetigen und Unsicherheit zu bewältigen, ist ein wesentliches Motiv zur Einrichtung eines Lagers.[52] Daher können die Prozesse in einem Lagerhaus – abhängig von den zu unterstützenden Prozessen – als inhärent dynamisch angenommen werden, wenn seine Funktion in der Abpufferung von Unsicherheit und Fluktuation der Kundennachfrage oder einer schnellen Anpassung an Wandel der Art und des Umfangs der Bedarfe liegt.[53] Weitere Unsicherheitsaspekte treten hinzu, wenn sich gelegentlich die Konfiguration der Anlagen oder deren Zahl sowie die vorliegende Auftragsstruktur wandelt – gleiches gilt, wenn Anlagen ausfallen, gewartet werden müssen oder Fehlmengen auftreten.[54]

Ein Konzept, solche Bestandsanforderungen besser zu erfüllen, liegt in der Zonung von Lagerräumen – je nach Umschlagshäufigkeit werden Artikel in die Nähe des Warenausgangs gelegt, um regelmäßig umgeschlagene Waren schnell auslagern zu können.[55] So wird häufig eine 80/20 Regel benutzt, wobei 20% der Artikel, die 80% der Aktivitäten ausmachen, entsprechend auslagerungsbereit im Lagerlayout bereitgehalten werden.[56] Zudem weisen Studien nach, dass diese Strategie – kombiniert mit chaotischen Lagerverfahren – eine höhere Lagerraumauslastung als eine dezidierte Lagerplatzzuweisung für einzelne Sachnummern ermöglicht.[57] Obligatorisch zur Umsetzung dieser Lagerstrategien ist allerdings ein leistungsfähiges IT-System zur Lagerverwaltung.

---

[51] Vgl. Ackermann (1999), S. 1.
[52] Vgl. Chen/Lu/Chang (2003), S. 195.
[53] Vgl. Ito/Abadi (2002), S. 201.
[54] Vgl. Usher (2003), S. 488; Shen/Maturana/Norrie (2000), S. 366; Sugumaran/Dietrich/Kirn (2006), S. 88.
[55] Aus technischen Gründen können zudem Artikel einer Sachnummer quer zur Gassenrichtung gelagert werden, um bei Ausfall eines automatischen Lagerbediengeräts weiterhin lieferfähig zu bleiben.
[56] Vgl. Ackermann (1999), S. 3.
[57] Vgl. Chen/Lu/Chang (2003), S. 197.

5.3 Bestandsallokation im dynamischen Umfeld

Wenn man den Gedanken der Zonung von Lagerflächen für Güter mit unterschiedlicher Priorität weiterdenkt, so können Software-Agenten auch nicht nur Bereiche innerhalb eines Lagers differenziert verwalten, sondern ebenso auch mehrere Lagerstandorte als Zonen eines „virtuellen Lagerhauses". Zum besseren Verständnis soll noch einmal der Vorteil von Zonung innerhalb eines Lagers herausgestellt werden: die Effizienz von Ein- und Auslagerungen wird dadurch erhöht, dass häufig gebrauchte Artikelgruppen dort gelagert werden, wo sie am häufigsten gebraucht werden, was für diese Segmente die Förderstrecken minimiert.

Bezogen auf das Management von mehreren Standorten bedeutet dies, dass Güter in den Regionen gelagert werden, wo mit hoher Wahrscheinlichkeit ihr Absatzmarkt liegt. Das verkürzt die Transportlänge und somit Transportzeiten wie auch -kosten (zwei der wesentlichen Kernfragen des Lagerwesens).[58] Durch Einsatz von Transshipment können Bestände dabei dynamisch ausbalanciert werden, um – ggf. auch unternehmensübergreifend drohende Fehlbestände auszugleichen und schnell und zuverlässig Bestellavisen zu erfüllen.[59] Zwar kann sich die Transportfrequenz zwischen Standorten auf diese Weise erhöhen, allerdings stehen den daraus zu erwartenden höheren Transportkosten Einsparungen durch eine bessere Kapazitätsauslastung von Lagern und reduzierte Fehlmengenkosten (einschließlich vermiedener Umsatzverluste) gegenüber, wie beispielsweise Needham und Evers (1998) nachweisen konnten.[60] Zugleich konnten auch durch Zentralisation von Beständen von selten nachgefragten Artikelgruppen Lagerhaltungskosten eingespart werden.[61]

Aus weiteren unterschiedlichen Gründen (z. B. versicherungs- und haftungsrechtliche Gründe, Chargenrückverfolgung, Zugriffssicherung bei automatisierten Regallagern auch im Falle des Ausfalls eines Regalbediengeräts) kann eine erzwungene Trennung von Lagerbeständen vorliegen, wobei Waren mit derselben Artikelnummer aber aus abweichenden Chargen, Einlagerungsdatum oder unterschiedlichen Mindesthaltbarkeitsdaten und Herkunftschargen getrennt gelagert und verwaltet werden müssen.[62] Hier liefern Transshipment-Ansätze Lösungen für logistische Probleme, die sich aus rechtlichen oder technischen Vorgaben ergeben.

Ein virtuelles Lager muss zwei Planungsaufgaben bewältigen: Eine Bestandshöhenplanung und eine Bestandsallokationsplanung.[63] Das grundlegende Ziel bei Lagerteilung liegt entsprechend in der Aufteilung der Bestandslast, so dass Kapa-

---

[58] Vgl. Needham/Evers (1998), S. 158 ff.; Chen/Lu/Chang (2003), S. 195.
[59] Vgl. Evers/Beier (1998), S. 187.
[60] Vgl. Needham/Evers (1998), S. 158.
[61] Vgl. Evers/Beier (1998), S. 173.
[62] Vgl. Bode/Preuß (2004), S. 66.
[63] Vgl. Fung et al. (2005), S. 602.

zitäten über alle Standorte hinweg gleichmäßig ausgelastet sind (um beispielsweise Kosten durch Überstunden zu vermeiden) und zugleich Bestandsvorräte zu nivellieren, um an allen Standorten trotz lokal schwankender Artikelabflüsse eine gleichmäßige Lieferbereitschaft aufrecht zu erhalten. Dabei müssen auch lokale Störungen überbrückt werden können und durchgängig verschiedene Kunden mit wandelnden Präferenzen (hohe Kostensensitivität, hohe Präferenz für Liefertreue oder für schnelle Bestellerfüllung) bedient werden.[64]

Ein weiterer Vorteil von dynamischen Ansätzen des „Warehouse Sharing" liegt darin, dass diese inhärent eine Skalierbarkeit von Kapazitäten aufweisen, indem bei saisonalen Auslastungsspitzen auf Kapazitätsüberhänge anderer Standorte zurückgegriffen wird (während bei einem voll ausgelasteten Lagergebäude zusätzliche Kapazitäten häufig nur durch Anbauten mit einhergehenden Investitionen getätigt werden können). Typisch für die Lagerplanung in einem dynamischen Umfeld ist, dass Lagerstandorte einerseits nur mit prohibitiv hohen Kosten verlagert werden können und der neue Lagerstandort in dynamischen Netzwerken schnell nicht-optimal wird.[65]

Zudem haben räumlich differenzierte Lagerhäuser auch differenzierte Kostenstrukturen (bei unterschiedlichen Unternehmen vor allem unterschiedliche Entgeltstrukturen aufgrund unterschiedlicher Tarifvereinbarungen).[66] Hieraus ergibt sich ein Potenzial zur Preisdifferenzierung für Kundenangebote, indem preisunsensible Güter mit Bedarf nach bevorzugter Belieferung in allen (also auch hochpreisigen) Lagern vorgehalten werden, während preissensible Güter entsprechend nur in Lagern mit niedriger Kostenstruktur vorgehalten werden. Insgesamt lassen sich also mit einem virtuellen Lager innerhalb eines Verbundes verschieden Effizienzvorteile und Zusatznutzen realisieren, wobei Multiagenten-Systeme die verschiedenen Anforderungen und Restriktionen mit dezentraler Koordination und Verhandlungen innerhalb eines räumlich verteilten Netzwerkes abstimmen.

Zusammengefasst liegen die Vorteile eines virtuellen Lagers in der Verringerung der Bestände, der optimalen Nutzung der Ressourcen und einer verbesserten Liefertreue (besonders bei kurzfristigen Anforderungen). Allerdings ist bei extrem hohen Strafkosten bei Nicht-Verfügbarkeit und bei geringwertigen Gütern für preissensible Kunden sowie bei Gütern, für die die Zeitpräferenz des Kunden nicht stark ausgeprägt ist (deren Nicht-Verfügbarkeit wird geduldet, z. B. aufgrund leichter Substituierbarkeit), ein Transshipment-Ansatz häufig unwirtschaftlich.[67]

---

[64] Vgl. Plöger/Haasis/Siestrup (2008), S. 366.
[65] Vgl. Landers et al. (2000), S. 117.
[66] Vgl. Morris/Donnelly/Donelly (2004), S. 131.
[67] Vgl. Needham/Evers (1998), S. 159.

5.4 Kommunikation und Verhandlungen zwischen Agenten

Bereits in Kapitel 5.2 wurde die verteilte Problemlösung durch Software-Agenten als Lösungsansatz zur Optimierung dynamischer Systeme aufgezeigt. Durch den verteilten Charakter von virtuellen Lagern ist auch eine dezentrale Optimierung von Transshipment-Sendungen mit Hilfe eines Mulitagenten-Ansatz naheliegend. Software-Agenten sind besonders dann geeignet, wenn die Vielfalt der Umweltbedingungen (Problemraum) und die Zahl der möglichen Optionen (Lösungsraum) so groß ist, dass eine Enummeration aller möglichen Lösungen ausgeschlossen ist.[68]

Die ersten Forschungsbeiträge über Software-Agenten wurden 1985 veröffentlicht und entwickelten Erkenntnisse aus dem Gebiet der verteilten künstlichen Intelligenz weiter.[69] Das Interesse an diesem Forschungsfeld für Planungsaufgaben liegt insbesondere darin, dass sozialen Systemen eine hohe Toleranz gegenüber unerwarteten Bedingungen zugeschrieben wird und sie sich an unbekannte Umgebungen anpassen können. Dies tun sie durch Arbeitsteilung und eine Balance zwischen individueller und kollektiver Intelligenz.[70] Software-Agenten benötigen Ziele, zielführende Entscheidungsregeln, strategisches Verhalten und bedürfen Möglichkeiten zur Bewältigung von Konflikten innerhalb des Agenten wie auch zwischen Agenten. Hier knüpft die Forschung an die Entscheidungstheorie und die Spieltheorie an.

Der Einsatz von Multiagenten-System bietet sich an, wenn Probleme inhärent verteilt sind (Informationen liegen verteilt vor und Probleme müssen verteilt gelöst werden) oder wenn Sicherheitsanforderungen eine zentrale Lösung ausschließen (in Multiagenten-System können Sicherheitsrisiken flexibler begegnet werden, weil es keinen „Single Point of Failure" gibt, so dass lokale Störungen nicht das globale System zusammenbrechen lassen).[71] Ferner sind sie gut geeignet, um parallele Probleme zu lösen sowie bei skalierbaren und flexiblen Lösungen.[72] Der strukturelle Vorteil von Agenten in einem Umfeld verteilter Prozesse liegt darin, dass sie dezentral handeln und sie generell auch dezentrale Informationen einbinden können.[73] Dies ermöglicht eine Problemdekomposition und anschließende Lösung mit Multiagenten-Systemen.

Das Verhalten von Software-Agenten wird entweder durch eine Problemlösungsmethode oder eine Nutzenfunktion determiniert. Indirekt kann das Verhalten aufgrund der Wertänderung einer Nutzenfunktion ändern – so durch eine eingehende Nachricht eines anderen Agenten, durch eine Änderung des inneren Zustands ei-

---

[68] Vgl. Lockemann/Kirn/Herzog (2006), S. 4.
[69] Vgl. Lockemann (2006), S. 36; Zelewski (1998), S. 137.
[70] Vgl. Lockemann/Kirn/Herzog (2006), S. 1.
[71] Vgl. Eymann (2003), S. 79.
[72] Vgl. Eymann (2003), S. 80.
[73] Vgl. Caridi/Sianesi (2000), S. 33.

nes Agenten, endliche Zustandsautomaten, Wahrscheinlichkeitsnetzwerke oder durch Ereignisse in seiner Umgebung, die ein Agent mittels Sensoren wahrnimmt.[74] Eine Nutzenfunktion bedingt einen marktähnlichen Steuermechanismus mit Zuteilung von Verrechnungseinheiten einer „Währung", über die verhandelt wird.[75] Verhandeln umfasst dabei einen Prozess, bei dem eine Gruppe von Teilnehmern eine von allen Akteuren geteilte Vereinbarung über ein bestimmtes Problem trifft.[76] Verhandlungen sind in zwei Ausprägungen möglich: *integrative* Verhandlungen werden dahingehend geführt, dass Informationen über Ziele und Prioritäten ausgetauscht werden, um eine Lösung zu finden, der alle Parteien zustimmen können. Bei einer *distributiven* Verhandlung gehen die Teilnehmer Konzessionen ein und bewegen ihre Vorstellungen auf einer oder mehrerer Skalen aufeinander zu (z. B. Preisvorstellungen, aber auch Qualität und sonstige Bedingungen als Attribute). Dabei können Verhandlungen auch abgebrochen werden.[77]

Neuere Multiagenten-Ansätze kombinieren Agenten mit Marktverhandlungen; ebenso mit herkömmlichen Algorithmen und heuristischen Optimierungsverfahren.[78] Agenten repräsentieren dabei Ressourcen, Objekte und Komponenten eines Unternehmens, so z. B. wenn für einen Kundenauftrag ein Agent generiert wird. Eingebettet in den Agenten werden dabei Informationen zur Auftragsidentität (z. B. Auftragsnummer, Mindesthaltbarkeitsdaten, Chargenbezeichnung, Gefahrgutklasse usw.) und Hinweise zum Umgang mit dem Auftrag (z. B. Daten zur Herkunft, zum Adressaten, geplante Bearbeitungsvorgänge).[79] Aus der Perspektive der Informatik liegt der Unterschied zwischen Agenten und Objekten darin, dass das Modell der objektorientierten Programmierung eine Verkapselung von Attributen ist und über Methoden auf das Objekt zugegriffen werden kann, während der autonome Agent keine öffentlichen Methoden aufweist. Während autonome Softwareagenten ihre Fähigkeiten und Ressourcen nur über Verhandlungen anderen zur Verfügung stellen (bzw. wenn durch das zur Verfügung stellen ein eigenes Ziel befriedigt wird), können Objekte nicht den Zugang zu ihren Methoden schützen. Zudem generiert der Agent selbstständig Motivationen und Ziele, so dass sie proaktiv handeln.[80] Agenten haben daher mit Objekten der objektorientierten Programmierung die Kapselung gemein, d. h. dass die konkrete Ausgestaltung von Methoden geheim bleibt und nur über Schnittstellen kommuniziert werden kann. Bei einem Objekt können als öffentlich deklarierte Methoden unmittelbar aufgerufen werden. Bei einem Agenten hingegen kann das Ausführen eines Dienstes nicht erzwungen werden, die Ausführung liegt allein im Ermessen des Agenten

---

74 Vgl. Krempels et al. (2006), S. 393.
75 Vgl. Usher (2003), S. 486.
76 Vgl. Eymann (2003), S. 61.
77 Vgl. Eymann (2003), S. 62 f.
78 Vgl. Shen et al. (2006), S. 419.
79 Vgl. Ito/Abadi (2002), S. 204.
80 Vgl. Dangelmeier/Pape/Rüther (2004), S. 29 f.

(Autonomiecharakteristik). Bei Objekten liegt also die Entscheidung der Durchführung einer Methode oder eines Dienstes beim aufrufenden Objekt, bei Agenten beim ausführenden Agenten. Dadurch entstehen nicht-hierarchische Domänen, in denen Agenten kooperieren.[81]

Abb. 29: Entitätenhierarchie in MAS

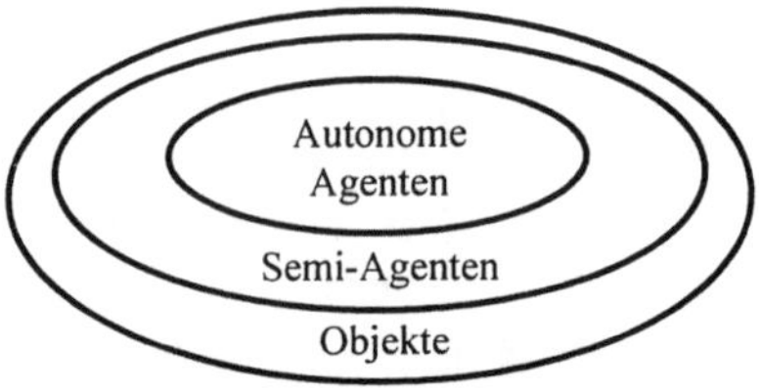

Quelle: vgl. d'Inverno/Luck (2004), S. 17.

Eine Verkapselung von Informationen definiert indirekt zugleich Eigentumsrechte, die ökonomische Verhandlungsmechanismen rechtfertigen.[82] Auch um die dynamische Anpassung von MAS zu ermöglichen, wählen die meisten Forschungsbeiträge einen Verhandlungsmechanismus zur Aufgabenzuordnung.[83] Der Vorzug von Multiagenten-Systemen aus Sicht der Wirtschaftswissenschaft liegt darin, dass sie mit marktwirtschaftlichen Koordinierungsmechanismen verknüpft werden können, insbesondere bei Verwendung des Contract-Net-Verhandlungsprotokolls bei arbeitsteiliger Zusammenarbeit.[84] Der Contract-Net-Ansatz basiert auf der Abstimmung des Verhaltens von Agenten durch Abschluss von Kontrakten. Die Gesamtheit aller Kontrakt-Agenten bildet das Kontrakt-Netz. Die Agenten können aufgrund ihrer Autonomie darüber entscheiden, ob sie ein Kontraktangebot annehmen oder zugunsten eines besseren Angebots darauf verzichten.[85] Die Verhandlungen mit dem Contract Net Protocol dienen der dynamischen Ressourcenallokation, um eine schnelle Reaktion bei Störungen zu gewährleisten (wie bei Störung des Betriebsablaufs oder Eilaufträgen).[86] Die Anwendung von Auktionsansätzen hat den Vorteil, dass diese bewährte Instrumente zur dezentralen Koordination arbeitsteiliger Probleme sind und diese zudem transparent wie effizient sind.[87]

[81] Vgl. Eymann (2003), S. 20; die enge Verwandtschaft von Agenten und Objekten wird auch in der Tatsache deutlich, dass Multiagentensysteme in erster Linie in objektorientierten Sprachen wie JAVA oder C++ realisiert werden, vgl. ebd., S. 27.
[82] Vgl. Eymann (2003), S. 147.
[83] Vgl. Kim et al. (2002), S. 602.
[84] Vgl. Zelewski (1998), S. 137.
[85] Vgl. Zelewski (1998), S. 144.
[86] Vgl. Lima/Sousa/Martins (2006), S. 3695.
[87] Vgl. Zelewski (1998), S. 153.

Ein Agent ist proaktiv, d. h. er verfolgt Ziele. Zudem kann sozial interaktiv sein und sich mit anderen Agenten austauschen. Zentral hierfür sind die Modelle der Interaktion und Protokolle wie Verhandlungen, Auktionen und Blackboards.[88]

Grundsätzlich kann die Kommunikation zwischen Agenten auf drei Arten abgewickelt werden:[89]

- Broadcast-Kommunikation: Hier werden sämtliche Nachrichten an alle Agenten versand. Hierdurch werden alle Agenten auf den gleichen Informationsstand gebracht, allerdings ist in räumlich verteilten Konstellationen ein hoher Datendurchsatz für den Nachrichtenaustausch (Traffic) zu erwarten.
- Direkte Kommunikation: Hier werden Nachrichten jeweils zwischen zwei Agenten ausgetauscht. Hierzu sind direkte Verbindungen mit dezidierten Netzwerkadressen erforderlich, welche als Broadcast an alle Agenten übertragen werden oder in einer zentralen Steuerinstanz vorliegen. Hier liegen gleichermaßen Sprechakte vor, wie sie im verbreiteten FIPA-Format definiert sind.[90]
- Blackboards: Hier gibt es einen zentralen Speicher, in den Agenten Nachrichten schreiben und auslesen können. Ergänzend können hier Filter beim Auslesen verwendet werden. Blackboards können beispielsweise in Auktionen Verhandlungsergebnisse (z. B. Austauschmengen zwischen Agenten) wie in einem Katalog offen legen.

Die Verwendung von Blackboards ist eine weitere marktliche Analogie in Multiagenten-Systemen. Hierbei kommunizieren die Agenten nicht unmittelbar miteinander, sondern tauschen Botschaften (wie z. B. Angebote) über eine gemeinsame Informationsplattform aus. Dieses Forum wird von allen Agenten zu jeder Zeit wahrgenommen. Allerdings wird hier nicht zwingend der markträumende Marktpreis ausgehandelt – geschieht dies nicht, so liegt ein Preisbildungsdefekt vor.[91] Blackboards dienen der Repräsentation von Problemen, zu deren Lösung mittels Angebotsabgabe alle interessierten Agenten mitwirken können. Das Blackboard wirkt damit als Sammelpunkt für Kommunikationsprozesse zwischen Agenten. Technisch ist ein Blackboard als Datenbank gestaltet, auf die die Agenten zugreifen können. Ein Blackboard stellt einen gemeinsamen Arbeitsbereich für alle Agenten zur Verfügung, mit dem Daten ausgetauscht werden können, ohne dass es einer direkten Information bedarf. Mit der Datenbereitstellung erfolgt ein Interaktionsprozess zwischen allen mit dem Blackbord verbundenen Agenten, über den Suchanfragen angestoßen werden können. Dabei sind Filter erforderlich, um eine

[88] Vgl. Lockemann/Kirn/Herzog (2006), S. 3.
[89] Vgl. Eymann (2003), S. 56 f.; Lockemann (2006), S. 36.
[90] Vgl. Eymann (2003), S. 300.
[91] Vgl. Zelewski (1998), S. 148.

Informationsflut zu bewältigen.[92] Unterstützt werden kann dies durch Agenten, die als Blackboard-Manager fungieren (z. B. bei der Zuteilung oder Dekomposition von Problemen sowie der Prüfung von Inkonsistenzen bei Teillösungen).[93] Koordinationsagenten können zudem Restriktionen setzen, um konkurrierende Zugriffe auf gemeinsame Ressourcen durch verschiedene Agenten abzustimmen.[94]

Der Vorteil der Einbindung eines Blackboards liegt darin, dass Informationen vorgehalten werden können, ohne sie allen denkbaren Adressaten zuzuweisen. Ohne Blackboard müssten die Adressen aller Agenten im Netzwerk die gesamte Zeit verfolgt werden.[95] Dies erspart den Austausch bilateraler Informationen zwischen Agenten. Dies ist von besonderer Bedeutung, wenn Agenten über organisatorische Schnittstellen in und aus einer Laufzeitumgebung migrieren und daher die möglichen Adressen fluktuieren. Auch aus einem anderen Gesichtspunkt heraus ist ein solch lokales Vorhalten von Informationen von Vorteil: wenn Datenpakete zwischen Organisationen und damit unterschiedlichen Laufzeitumgebungen migirieren, sind nur die Daten der Agenten zu transferieren, die unmittelbar den Agenten betreffen und nicht eine große Menge an im System vorgehaltenen Informationen.[96] Ein direkter Austausch über Informationen bezüglich vorgehaltener Einrichtungen und deren aktuelle Konfiguration oder Position ist praktisch nicht möglich, da wie erörtert Objekte und Agenten in einem dynamischen Umfeld regelmäßig fluktuieren und zwischen Netzwerken wandern.[97]

Eine funktionale Erweiterung bilden mobile Agenten, die nicht an eine Laufzeitumgebung gebunden sind, sondern zwischen Plattformen ausgetauscht werden, so dass die virtuellen Repräsentanten von physischen Objekten bei unternehmensübergreifenden Materialflüssen diesen folgen können. Sie unterstützen dabei verteilte Entscheidungsprozesse.[98] In solchen Konstellationen nehmen durch ein Netzwerk migrierende Software-Agenten Kontakt zu anderen Agenten auf, um ihre Ziele umzusetzen.

Autonome Agenten haben Präferenzen und Fähigkeiten. Sie initiieren proaktiv Handlungen, um Ihre Ziele umzusetzen. Weiter werden lokal verfügbare Informationen aus der Laufzeitumgebung in Entscheidungen einbezogen. Diese zuvor aufgezeigten unterschiedlichen Ausgestaltungsmöglichkeiten von Software-Agenten und deren heterogenen Rollen legen eine Kategorisierung von Agenten in einem Multiagenten-System nahe: mobile Agenten, die Entscheidungsregeln repräsentieren und autonom Entscheidungen treffen können und dabei vornehm-

---

[92] Vgl. Reuter (1998), S. 106.
[93] Vgl. Corsten (2007), S. 183 f.
[94] Vgl. Kim et al. (2002), S. 609.
[95] Vgl. Krishnamurthy/Zeid (2004), S. 180.
[96] Vgl. Shen/Maturana/Norrie (2000), S. 367; Miyashita (1998), S. 147.
[97] Vgl. Adler/Blue (2002), S. 447.
[98] Vgl. Ghiassi/Spera (2007), S. 168; d'Inverno/Luck (2004), S. 6.

lich physische Objekte und Aufträge repräsentieren einerseits und weniger selbstständige Semi-Agenten ohne eigene Initiative, die die Informationen einer Lokalität oder Ressource eingebettet haben und sie kontextabhängig kommunizieren. d'Inverno und Luck (2004) beschreiben die Abbildung von physischen Objekten durch Ansammlung von Attributen und zudem als Beschreibung von Fähigkeiten.[99] Dabei halten also die Repräsentanten von Objekten Informationen über deren Fähigkeiten und Status vor (wobei es einer Schnittstelle bedarf um den Ist-Zustand zu messen und an das IT-System zu übermitteln (Sensoren), wie auch von Agenten getroffene Entscheidungen in die reale Welt übertragen und umgesetzt werden müssen (Aktuatoren)). Jede Form von physischen Objekten kann daher über eine entsprechende Abbildung Teil eines Multiagenten-Systems sein.[100]

Zur genaueren Abgrenzung der Agentenarten sollen folgende Erwägungen einbezogen werden: *deliberative Agenten* als primitive Software-Agenten ohne explizites Modell der Umwelt handeln primitiv nach Belohnungen oder Nutzengewinnen (z. B. durch Transfer eines Währungssubstituts von einem anderen Agenten). Eine funktionale Erweiterung wäre die Wiedererkennung anderer Agenten mittels einer Art von Erinnerungsvermögen. Deren konkrete Handlungsmotivationen sind für solche erweiterten Agenten nicht nachvollziehbar. Eine weitere Ausbaustufe dieses Agententypen könnte solche Modelle bereits enthalten, so dass sie das Handeln ihrer Umwelt einschätzen und manipulieren können. Dieses Wissen kann aber mit Unsicherheiten behaftet sein.[101] Rein *reaktive Agenten* handeln nur situativ und enthalten nur einfache Stimulus-/Response-Mechanismen (Rückmeldung auf einen Stimulus aus der Umgebung). Die „Intelligenz" dieser Agenten beschränkt sich auf die Summe der Fähigkeiten, mit seiner Umgebung interagieren zu können, ohne eine komplexes internes Modell aufzuweisen. Dabei können sie nicht isoliert von anderen Agenten arbeiten.[102]

Diese beiden Kategorien von Komponenten eines Multiagentensystems können weiter zu Semi-Agenten-Systemen kombiniert werden.[103] Während Objekte nur Informationen aus ihrer Umgebung vorhalten und Agenten Informationen zum Status der Topografie ihrer Umgebung vorhalten, fungieren die Semi-Agenten als Gateways und „Landkarten" für immigrierende Agenten aus anderen Laufzeitumgebungen, um ihnen den Weg zu lokalen Ressourcen zu weisen. Weiterhin können sie Informationen aus vergangenen Perioden vorhalten, um entscheidungsspezifisches Wissen zu akkumulieren. Ein Ressourcen-Agent enthält Daten zu den durch ihn repräsentierten Ressourcen, wie seine Fähigkeiten, Kosten (Gleichungen und Abhängigkeiten), Bearbeitungsfähigkeiten, Teileformen und -größen, wie auch der Transport. Ein Agent wird immer dann geschaffen, wenn eine Ressource

[99] Vgl. d'Inverno/Luck (2004), S. 16.
[100] Vgl. d'Inverno/Luck (2004), S. 16.
[101] Vgl. Eymann (2003), S. 31 ff.
[102] Vgl. Eymann (2003), S. 33 f.
[103] Vgl. Plöger/Haasis/Siestrup (2008), S. 368.

in der Fertigung in Betrieb genommen wird. Der Agent wird inaktiv, wenn eine Anlage gewartet oder außer Betrieb genommen wird. Wenn die Ressource sich anbietet, kann sie historische Daten bereitstellen, die sich auf Zeit- oder Kostenerwartungen für eine dezidierte Auftragserfüllung beziehen.[104] Hierdurch übernehmen sie einen Teil der Blackboard-Funktion und erlauben zudem – analog zu Erfahrungen – auf erfolgreiche Problemlösungsmuster zuzugreifen, um Verhandlungs- und Entscheidungsprozesse von Agenten zu optimieren.

Neuere Forschungstrends beziehen sich auf ausdifferenzierte verteilte Blackboards.[105] Die erwarteten Potenziale einer stärkeren Dezentralisierung der Kommunikation zwischen Agenten werden in der losen Koppelung von Systemen gesehen. Allerdings liegen die Nachteile von Blackboards in der permanenten Überwachung durch alle Agenten und ggf. in der Koordination des Informationsaustausch durch eine zentrale Kontrollinstanz zur Blackboard-Verwaltung sowie der Beschränkung auf eine sequenzielle Problembewältigung. Dies kollidiert mit der dezentralen und selbstgesteuerten Struktur von Multiagenten-Systemen. Ein möglicher Ansatz zur stärkeren Selektion des Informationsaustauschs kann in der dezentralen Ablage von Informationen und der damit hergestellte Kontextbezug eine Vereinfachung und Strukturierung des Nachrichtenaustauschs ermöglichen. Eine dezentrale Ablage von Informationen in Verbindung mit einer dezentral gesteuerten Informationsweitergabe durch einen Semi-Agenten ermöglicht es, Daten an gerade in die lokale Laufzeitumgebung migrierten Agenten weiterzugeben (anstelle dass eine Verbindung zu einem zentralen Blackboard hergestellt werden muss und alle dort vorliegenden Nachrichten ausgewertet werden müssen). Der Beitrag von Semi-Agenten liegt dabei in der Differenzierung der aufgabenrelevanten Informationsweitergabe, weil die interne Wissensrepräsentation von Agent zu Agent variiert. Zudem kann ein Semi-Agent lokale und ressourcenbezogene Kennzahlen liefern, die zur Strukturierung der Informationen den Kontext nutzen. Lösungen werden inkrementell geschaffen und bauen damit auf Teillösungen anderer Agenten auf. Entsprechend wären Semi-Agenten eine Fortentwicklung im Sinne einer Konvergenz von Blackboards und Agenten durch eine dezentrale Informationsablage.

Analog verweist Pflaum (2006) auf Ansätze zur Verlagerungen von einfachen Softwarefunktionen auf Transponder in Verbindung mit dezentralen Sensornetzwerken. Hierbei kann ein Soll-Ist-Abgleich durch fortlaufende Weiterleitung von Daten an eine zentrale Datenbank vermieden werden, indem die Daten an RFID-gebundenen Sensoren dezentral nach der Erfassung verarbeitet werden und erst bei Überschreiten eines Grenzwertes eine Event-Meldung an das zentrale System abgegeben wird. Dadurch müssen gegenüber einer fortlaufenden Übertragung von

---

[104] Vgl. Usher (2003), S. 487 f.
[105] Vgl. Timm et al. (2006), S. 40.

Messwerten weniger Datenpakete übertragen werden und die Komplexität der Schnittstellen im Gesamt-System würde reduziert.[106]

Hierbei ist eine Integration von autonomen Agenten mit anderen Agenten oder Semi-Agenten zweckmäßig, um wechselseitig auf ihre Fähigkeiten zugreifen zu können. Solche Verbünde können auch als Holone bezeichnet werden. Holon ist ein Kunstwort, was aus dem altgriechischen Wort „Holos" (für Ganzes) und „On" (Teil von) besteht und als Definition von rekursiven Strukturen der Koordination dient.[107] Bei einer holonischen Zusammenarbeit delegieren Agenten einen Teil ihrer Autonomie an einen übergeordneten Agenten – von einfacher administrativer Arbeit bis zur vollständigen Entscheidungsfindung. Dieser „Masteragent" repräsentiert auch den Agenten gegenüber der Umwelt. Nach Giret und Botti (2004) liegt die Stärke einer holonischen Organisation („Holarchie") darin, effiziente Systeme in einem komplexen Umfeld zu schaffen, die robust gegen interne und externe Störungen sind und sich an dynamische Bedingungen anpassen können. Zudem können Holone in mehreren Teilbereichen von Mulitagenten-Systemen gleichzeitig agieren.[108] Als Holarchie wird dabei ein System von heterogenen Agenten bezeichnet, welche kooperieren, um ein gemeinsames Ziel zu erreichen.[109] Entsprechend weisen die Agenten und die daraus gebildeten Holone rekursive Eigenschaften auf.[110]

Aufgabenstellungen, die die Fähigkeiten eines Agenten übersteigen, werden in einem holonischen System durch kooperativen Zusammenschluss mehrerer Agenten und deren Ressourcen gelöst. Dies macht solche Systeme sehr flexibel und skalierbar. So kennzeichnen McFarlane/Bussmann (2000) Anwendungen in der Produktion und Logistik, welche sich aus einer Menge unorganisierter Ressourcen-Holone zusammensetzen, denen Auftrags-Holone gegenüber stehen, als den bisher am weitest verbreiten Typ der Ausgestaltung von holonischen Systemen für Praxisanwendungen. Hierbei wird ein Produkt-Holon initiiert und Verhandlungen zwischen Auftrags- und Ressourcen-Holonen sichern die effiziente Allokation von Auftragsbedarfen über die vorhandenen Ressourcen.[111]

Die holonischen Gebilde konfigurieren sich selbst flexibel, wenn eine Komponente ausfällt oder es einer Anpassung an eine wandelnde Umgebung bedarf. Die Rolle von Semi-Agenten in einer solchen Umgebung liegt darin, die Vereinnahmung von Ressourcen durch zusätzliche lokale Informationen zu erleichtern – vor allem durch Zugangsgewährung zu entscheidungsorientierten Informationen der Vergangenheit. Sie erleichtern zugleich auch die Übergabe zwischen mehreren Agenten oder Holonen. Sollte sich ein Bedarf für eine bereits einem anderen A-

---

[106] Vgl. Pflaum (2006), S. 33.
[107] Vgl. Koestler (1967), S. 45 ff.; Ghiassi/Spera (2007), S. 168.
[108] Vgl. Giret/Botti (2004), S. 646.
[109] Vgl. Shen et al. (2006), S. 420; Usher (2003), S. 485.
[110] Vgl. Lima/Sousa/Martins (2006), S. 3694.
[111] Vgl. McFarlane/Bussmann (2000), S. 526.

genten zugeordnete Ressource einstellen, so können die Agenten über den Besitz verhandeln. Dazu gibt es drei Möglichkeiten: Das (gleichzeitige) Teilen der Ressource, das Verhandeln über ein Überlassen (mit Einwilligung) oder das Verdrängen (eines untergeordneten Agenten durch einen übergeordneten Agenten).[112] Verhandlungslösungen können u. a. dadurch zustande kommen, dass unterschiedliche Präferenzen bezüglich der Nutzung austauschbarer Ressourcen vorliegen (bspw. ist eine Ressource für mehrere Verwendungsmöglichkeiten tauglich, bei der die Effizienz der Prozessausführung unterschiedlich ausgeprägt ist).[113] Hier können Semi-Agenten bei der Verhandlung unterstützen, indem sie historische Lösungspfade und gefundene Entschädigungslösungen zur Verfügung stellen und damit Erfahrungen bei Konfliktlösungen zwischen Agenten weitergeben. Diese Konstellation führt auch zu lokal akkumulierter Wissensgenerierung und Lerneffekten. Bei erweiterter Funktionalität können Semi-Agenten auch lokale Prozesse überwachen und z. B. Nutzungsprofile oder Störungswahrscheinlichkeiten aufnehmen, um Informationen zu Anlagenverfügbarkeiten zu sammeln.[114]

Bisher wurden in Studien zur Steuerung verteilter Probleme unter Einsatz von Multiagenten-Systemen vorrangig Problemstellungen zur Steuerung rein technischer Anlagen (wie z. B. Roboter) oder der Maschinenbelegungsplanung untersucht. In diesem Beitrag soll hingegen die Einbindung eines Multiagentensystems mit mehreren Agenten implementiert werden, die in verschiedenen Rollen Angebot und Nachfrage nach unternehmensübergreifenden Lagerkapazitäten abgleichen.[115] So konnte in Studien gezeigt werden, dass Multiagenten-Systeme eine geringe Sensitivität gegenüber Variation von Einflussgrößen haben. Dadurch konnten Störungen sehr effizient von Multiagenten-Systemen bewältigt werden.[116] Zudem liegt der Vorzug von Mulitagenten-Systemen darin, dass sie die Komplexität auch in dynamischen Umgebungen mittels ihrer emergenten Eigenschaften zu reduzieren vermögen – nicht die einzelnen Agenten als Elemente des Systems sind komplex, sondern ihr Zusammenspiel. So bedeutet eine lineare Zunahme der Agenten eine expotenzielle Zunahme der Interaktionsmöglichkeiten.[117] Damit einher geht aber auch der größte Nachteil von Multiagenten-Systemen, der in dem nur schwer analytisch vorhersagbaren, indeterminierten Verhalten des Systems liegt.[118]

---

[112] Vgl. d'Inverno/Luck (2004), S. 50.
[113] Vgl. Miyashita (1998), S. 150.
[114] Vgl. Plöger/Haasis/Siestrup (2008), S. 369.
[115] Vgl. hierzu auch Julka/Srinivasan/Karimi (2002), S. 1760.
[116] Vgl. Charpatier/Muhl (2004), S. 176.
[117] Vgl. Eymann (2003), S. 302.
[118] Vgl. Charpatier/Muhl (2004), S. 169.

5.5 Beiträge von Softwareagenten für robuste Lagerprozesse

Lokale Kooperationslösungen erlauben autonomen Agenten mit gewissen Freiheitsgraden, auf lokale Probleme zu reagieren und bei Störungen alternative Ressourcen zur Problembehebung einzusetzen. Hieraus erwächst die Möglichkeit, lokale Störungen soweit einzudämmen, dass daraus keine globalen Probleme erwachsen. Dies trägt auch zur Robustheit eines Gesamtsystems bei.

In der Gesamtschau bieten softwarebasierte Multiagentensysteme die Möglichkeit, dezentrale Problemlösungen zu generieren. Solche dezentralen Verhandlungslösungen bilden die Grundlage für einen Ansatz zur flexiblen Allokation von Beständen in Lagerhausnetzwerken. Dazu wird gleichzeitig auf lokale Informationen und lokale Verhandlungslösungen zurückgegriffen, um auf dynamische Entwicklungen und Störungen reagieren zu können. Daraus resultiert eine Anpassbarkeit und Echtzeit-Reaktionsfähigkeit sowie Robustheit gegenüber Störungen, wie sie mit zentralisierten Steuerungsansätzen nicht realisierbar ist. Bedingung für die unternehmensübergreifende Umsetzung sind allerdings eine ausgebaute IT-Infrastruktur und die umfassende Standardisierung von Schnittstellen.[119] Zudem ist die Berechenbarkeit des Systems für einen externen Beobachter im Vergleich zu einem zentral gesteuerten System sehr gering, da die Agenten aufgrund lokaler Restriktionen und Informationen handeln.[120] Hieraus folgt regelmäßig eine beschränkte Vorhersagbarkeit und Analysierbarkeit von softwarebasierten Multiagentensystemen. Diese resultiert jedoch letztendlich aus der Komplexität der mit den Agenten bearbeiteten Aufgabenstellungen. Die Agenten-Architektur bildet diese komplexen Strukturen nur modellhaft ab, um die jeweilige Aufgabenstruktur bearbeiteten zu können. Daher ist die mangelnde Prognose des Systemverhaltens eine denknotwendige Folge der Adaption von Agentensystemen für die Lösung komplexer Aufgaben. Das außergewöhnliche Verhalten von komplexen Systemen liegt darin, dass es zur Emergenz eines hochstrukturierten kollektiven Verhaltens über die Zeit durch die Interaktion von simplen Subsystemen ohne eine zentrale Kontrolle (Complex Adaptive Systems) kommt.[121] Die Leistung des Gesamtsystems hängt dabei stark von den Verhandlungsregeln der Agenten und der Ausgestaltung der Rollen der Agenten ab.[122]

Allerdings gilt regelmäßig, dass Multiagenten-Systeme aufgrund der „zeitlichen Lokalität" von zeitpunktbezogenen Informationen nur zu suboptimalen Ergebnissen führen, weil sie die intertemporalen-dynamischen Interdependenzen vernachlässigen. Eine streng optimale Lösung für das Übergeordnete Problem bleibt daher zumeist zentralisierten Entscheidungsansätzen vorbehalten.[123]

---

[119] Vgl. Ito/Abadi (2002), S. 201.
[120] Vgl. Chan/Swarnkar/Tiwari (2007), S. 1031.
[121] Vgl. Shen et al. (2006), S. 425.
[122] Vgl. Kim et al. (2002), S. 602.
[123] Vgl. Zelewski (1998), S. 157.

Zudem gilt auch für Multiagenten-Systeme, dass sie verteilte Softwaresysteme sind, die entsprechend Probleme mit Deadlocks und Synchronisierung erzeugen. Die Komplexität der Entwicklung von verteilten Softwareapplikationen wird durch Multiagenten-System-Ansätze nur vereinfacht, nicht beseitigt. Zudem kann nicht immer von einer komplexen simulierten Umgebung auf eine reale Umgebung mit realem Zeitverhalten geschlossen werden.[124]

Weitere Probleme in logistischen Praxisanwendungen liegen darin, dass IT-Systeme räumlich verteilt, getrennt entwickelt und hochgradig heterogen sind. Auch in Anlehnung an internationale Standards (wie FIPA) entwickelte Multiagenten-Systeme werden demnach nicht homogen sein, was Entwicklungsprobleme bei der Interaktion schafft. Weitere Probleme entstehen im Bereich der Abstimmung der Semantik von auszutauschenden Nachrichten und dem Schutz vor Datenmanipulation und unberechtigtem Zugriff auf Datenbanken bei unternehmensübergreifenden Multiagenten-Systemen.[125] Zudem ist rechtlich zu erwägen, welche Probleme neben dem Schutz von Betriebsgeheimnissen aus der Möglichkeit der automatischen Erfassung und Auswertung von Daten der Agenteninteraktion (und diese ggf. repräsentierende Mitarbeitertätigkeiten) hinsichtlich des privaten Datenschutzes ergeben können.[126]

---

[124] Vgl. Eymann (2003), S. 300.
[125] Vgl. Krempels et al. (2006), S. 399 f.
[126] Vgl. Shen et al. (2006), S. 426.

Literaturverzeichnis

Ackerman, K. (1999): Designing Tomorrow's Warehouse: A Little Ahead of the Times, in: Journal of Business Logistics, 20. Jg., 1/1999, S. 1-5.

Adler, J. L./Blue, V. J. (2002): A cooperative multi-agent transportation management and route guidance system, in: Transportation Research Part C, 10. Jg., 5-6/2002, S. 433-454.

Adler, J. L./Stapathy, G./Manikonda, V./Bowles, B./Blue, V. J. (2005): A multi-agent approach to cooperative traffic management and route guidance, in: Transportation Research Part B, 39. Jg., 4/2005, S. 297-318.

Bode, W./Preuß, R. W. (2004): Intralogistik in der Praxis. Komplettanbieter der Intralogistik, Suhl.

Caridi, M./Sianesi, A. (2000): Multi-agent systems in production planning and control. An application to the scheduling of mixed-model assembly lines, in: International Journal of Production Economics, 68. Jg., 2/2000, S. 29-42.

Chan, F. T. S./Swarnkar, R./Tiwari, M. K. (2007): Infrastructure for co-ordination of multi-agents in a network-based manufacturing system, in: International Journal of Advanced Manufacturing Technology, 31. Jg., 9-10/2007, S. 1028-1033.

Charpatier, P./Muhl, E. (2004): From a reactive, heterarchical to a holonic system: an application for optimizing flow in an automotive plant, in: Production Planning & Control, 15. Jg., 2/2004, S. 166-177.

Chen, R.-S./Lu, K.-Y./Chang, C. C. (2003): Intelligent warehousing management systems using multi-agent, in: International Journal of Computer Applications in Technology, 16. Jg., 4/2003, S. 194-201.

Collier, D. A. (1982): Aggregate Safety Stock Levels and Component Part Commonality, in: Management Science, 28. Jg., 11/1982, S. 1296-1303.

Corsten, H. (2007): Produktionswirtschaft. Einführung in das industrielle Produktionsmanagement, 11. Aufl., München.

Czerwinski, C. S./Luh, P. B. (1994): Scheduling Products with Bills of Materials Using an Improved Lagrangian Relaxation Technique, in: IEEE Transactions on Robotics and Automation, 10. Jg., 2/1994, S. 99-111.

d'Inverno, M./Luck, M. (2004): Understanding Agent Systems, 2. Aufl., Berlin et al.

Dangelmeier, W./Pape, U./Rüther, M. (2004): Agentensysteme für das Supply Chain Management. Grundlagen – Konzepte – Anwendungen, Wiesbaden.

Evers, P. T./Beier, F. J. (1998): Operational Aspects of Inventory Consolidation Decision Making, in: Journal of Business Logistics, 19. Jg., 1/1998, S. 173-189.

Eymann, T. (2003): Digitale Geschäftsagenten, Berlin/Heidelberg.

Fung, S. H./Cheung, C. F./Lee, W. B./Kwok, S. K. (2005): A virtual warehouse system for production logistics, in: Production Planning & Control, 16. Jg., 6/2005, S. 597-607.

Ghiassi, M./Spera, C. (2007): An Agent-Based Information Technology Architecture for Mass Customized Markets, in: Blecker, T./Friedrich G. (Hrsg.): Mass Customization Information Systems in Business, Hershey/London, S. 162-184.

Giret, A./Botti, V. (2004): Holons and agents, in: Journal of Intelligent Manufacturing, 15. Jg., 5/2004, S. 645-659.

Grahovac, J./ Chakravarty, A. (2001): Sharing and Lateral Transshipment of Inventory in a Supply Chain with Expensive Low-Demand Items, in: Management Science, 47. Jg., 4/2001, S. 579-594.

Ito, T./Abadi, S. M. M. (2002): Agent-based material handling and inventory planning in warehouse, in: Journal of Intelligent Manufacturing, 13. Jg., 3/2002, S. 201-210.

Jennings, N. R./Faratin, P./Lomuscio, A. R./Parsons, S./Woolridge, M./Sierra, C. (2001): Automated Negotiation: Prospects, Methods and Challenges, in: Group Decision and Negotiation, 10. Jg., 2/2001, S. 199-215.

Julka, N./Srinivasan, R./Karimi, I. (2002): Agent-based supply chain management – 1: framework, in: Computers and Chemical Engineering, 26. Jg., 12/2002, S. 1755-1769.

Jünemann, R./Schmidt, T. (1999): Materialflußsysteme. Systemtechnische Grundlagen, 2. Aufl., Berlin et al.

Kim, B.-I./Graves, R. J./Heragu, S. S./St. Onge, A. (2002): Intelligent agent modeling of an industrial warehousing problem, in: IEE Transactions, 34. Jg., 7/2002, S. 601-612.

Koestler, A. (1967): The Ghost in the Machine, New York.

Koether, R. (2001): Technische Logistik, 2. Aufl., München.

Krempels, K.-H./Spaniol, O./Scholz, T./Timm, I. J./Herzog, O. (2006): Interaction Design, in: Kirn, S./Herzog, O./Lockemann, P./Spaniol, O. (Hrsg.): Multiagent Engineering. Theory and Applications in Enterprises, Berlin/Heidelberg, S. 383-404.

Krishnamurthy, S./Zeid, I. (2004): Distributed and intelligent information access in manufacturing enterprises through mobile devices, in: Journal of Intelligent Manufacturing, 15. Jg., 2/2004, S. 175-186.

Kukreja, A./Schmidt, C. P. (2005): A model for lumpy demand parts in a multi-location inventory system with transhipments, in: Computer & Operations Research 32. Jg., 8/2005, S. 2059-2075.

Landers, T. L./Cole, M. H./Walker B./Kirk, R. W. (2000): The virtual warehousing concept, in: Transportation Research Part E, 36. Jg., 2/2000, S. 115-126.

Lima, R. M./Sousa, R. M./Martins, P. J. (2006): Distributed production planning and control agent-based system, in: International Journal of Production Research, 44. Jg., 18-19/2006, S. 3693-3709.

Lockemann, P. C. (2006): Agents, in: Kirn, S./Herzog, O./Lockemann, P./Spaniol, O. (Hrsg.): Multiagent Engineering. Theory and Applications in Enterprises, Berlin/Heidelberg, S. 17-34.

Lockemann, P. C./Kirn, S./Herzog, O. (2006): Management Summary, in: Kirn, S./Herzog, O./Lockemann, P./Spaniol, O. (Hrsg.): Multiagent Engineering. Theory and Applications in Enterprises, Berlin/Heidelberg, S. 1-14.

McFarlane, D. C./Bussmann, S. (2000): Developments in holonic production planning and control, in: Production Planning & Control, 11. Jg., 6/2000, S. 522-536.

Miyashita, K. (1998): CAMPS: a constraint-based architecture for multiagent planning and scheduling, in: Journal of Intelligent Manufacturing, 9. Jg., 2/1998, S. 147-154.

Morris, D./Donnelly, T./Donnelly, T. (2004): Supplier parks in the automotive industry, in: Supply Chain Management, 9. Jg., 2/2004, S. 129-133.

Needham, P. M./Evers, P. T. (1998): The Influence of Individual Cost Factors on the Use of Emergency Transshipments, in: Transportation Research Part E, 34. Jg. 2/1998, S. 149-160.

Nimis, J./Lockemann, P. C./Krempels, K.-H./Buchmann, E./Böhm, K. (2006): Towards Dependable Agent Systems, in: Kirn, S./Herzog, O./Lockemann, P./Spaniol, O. (Hrsg.): Multiagent Engineering. Theory and Applications in Enterprises, Berlin/Heidelberg, S. 465-502.

O. V. (2001): VDI Richtlinie 3600: Prozesse und Prozessorientierung in der Produktionslogistik am Beispiel der Automobilindustrie, VDI-Handbuch Materialfluss und Fördertechnik, Band 7.

Olhager, J./Wikner, J. (1998): A Framework for Integrated Material and Capacity Based Master Scheduling, in: Drexl, A./Kimms, A. (Hrsg.): Beyond

Manufacturing Resource Planning (MRP II). Advanced Models and Methods for Production Planning, Berlin et al.

Pawellek, G. (2007): Produktionslogistik. Planung – Steuerung – Controlling, München.

Pflaum, A. (2006): Technologie als Enabler für selbststeuernde Prozessketten: Evolution oder Revolution - vom "Smart Label" zum autonomen "Smart Objekt", in: Engelhardt-Nowitzki, C./ Lackner, E. (Hrsg.) Chargenverfolgung. Möglichkeiten, Grenzen und Anwendungsgebiete, Wiesbaden, S. 23-38.

Pfohl, H.-C. (2004): Logistiksysteme. Betriebswirtschaftliche Grundlagen, 7. Aufl., Berlin et al.

Plöger, M./Haasis, H.-D./Siestrup, G. (2008): Dynamic Warehouse Sharing in Supply Chains. A Software-Based Multi-Agent Coordination Approach, in: Pawar, K. S./Lalwani, C. S./Banomyong, R. (Hrsg.): Integrating the Global Supply Chain. Proceedings of the 13th International Symposium on Logistics (ISL 2008), Bangkok, S. 364–372.

Reuter, B. (2000): Vernetztes Produktionscontrolling. Agent-Modell basierte Informationssysteme, in: Wildemann, H. (Hrsg.): Produktion und Controlling, München, S. 93-116.

Schulte, G. (1996): Material- und Logistikmanagement, München/Wien.

Shen, W./Hao, Q./Yoon, H. J./Norrie, D. H. (2006): Application of agent-based systems in intelligent manufacturing: An updated review, in: Advanced Engineering Informatics, 20. Jg., 4/2006, S. 415-431.

Shen, W./Maturana, F./Norrie, D. H. (2000): Enhancing the performance of an agent-based manufacturing system through learning and forecasting, in: Journal of Intelligent Manufacturing, 11. Jg., 4/2000, S. 365-380.

Stölzle, W./Heusler, K. F./Karrer, M. (2004): Erfolgsfaktor Bestandsmanagement. Konzepte – Anwendung – Perspektiven, Zürich.

Sugumaran, V./Dietrich, A. J./Kirn, S. (2005): Supporting mass customization with agent-based coordination, in: Information Systems and E-Business Management, 4. Jg., 1/2005, S. 83-106.

Tempelmeier, H. (2006): Bestandsmanagement in Supply Chains, 2. Aufl., Norderstedt.

Timm, I. J./Scholz, T./Herzog, O./Krempels, K.-H./Spaniol, O. (2006): From Agents to Mulitagent Systems, in: Kirn, S./Herzog, O./Lockemann, P./Spaniol, O. (Hrsg.): Multiagent Engineering. Theory and Applications in Enterprises, Berlin/Heidelberg, S. 35-52.

Usher, J. M. (2003): Negotiation-based routing in job shops via collaborative agents, in: Journal of Intelligent Manufacturing, 14. Jg., 5/2003, S. 485-499.

Vahrenkamp, R. (2007): Logistik. Management und Strategien, 6. Aufl., München.

Wee, K. E./Dada, M. (2005): Optimal Policies for Transshipping Inventory in a Retail Network, in: Management Science, 51. Jg., 10/2005, S. 1519-1533.

Weigelt, M. (1997): Agent, in: Mertens, Peter et al. (Hrsg.): Lexikon der Wirtschaftsinformatik, Berlin/Heidelberg.

Wong, H./Van Houtum, G. J./Cattrysse D./Van Oudheusden, D. (2006): Multi-item spare parts systems with lateral transshipments and waiting time constraints, in: European Journal of Operational Research, 171. Band, 3/2006, S. 1071-1093.

Zäpfel, G. (1996a): Production planning in the case of uncertain individual demand Extension for an MRP II concept, in: International Journal of Production Economics, 46-47 Band, S. 153-164.

Zäpfel, G. (1996b): Grundzüge des Produktions- und Logistikmanagements, Berlin/New York.

Zelewski, S. (1998): Multi-Agenten-Systeme – ein innovativer Ansatz zur Realisierung dezentraler PPS-Systeme, in: Wildemann, H. (Hrsg.): Innovation in der Produktionswirtschaft – Produkte, Prozesse, Planung und Steuerung, München, S. 133-166.

Zhao, H./Deshpande, V./Ryan, J.K. (2006): Emergency Transshipments in Decentralized Dealer Networks: When to Send and Accept Transshipment Requests, in: Naval Research Logistics, 53. Jg., 6/2006, S. 547-567.

Wertschöpfungsmanagement

Herausgegeben von Hans-Dietrich Haasis

Band 1 Hans-Dietrich Haasis (Hrsg.): Nachhaltige Innovation in Produktion und Logistik. 2007.

Band 2 Sebastian Gabriel: Prozessorientiertes Supply Chain Risikomanagement. Eine Untersuchung am Beispiel der Construction Supply Chain für Offshore-Wind-Energie-Anlagen. 2007.

Band 3 Christian Geßner: Unternehmerische Nachhaltigkeitsstrategien. Konzeption und Evaluation. 2008.

Band 4 Hendrik Wildebrand: Kundenindividuelle Massenproduktion zur Bewältigung überkapazitätsbedingter Unternehmenskrisen. 2009.

Band 5 Annika Stelter: Siedlungsentwicklung und Energielogistik in Deutschland im Spannungsfeld von Zentralität und Dezentralität. 2009.

Band 6 Hans-Dietrich Haasis / Marco Plöger (Hrsg.): Flexible Lagersysteme. Von der Bestandshaltung zur produktionssynchronen Versorgung. 2009.

Band 7 Matthias Schmidt: Mass Customization auf dem Chinesischen Automobilmarkt. Logistische und produktionswirtschaftliche Handlungserfordernisse für Auslandswerke. 2009.

www.peterlang.de